新型职业农民培育系列教材

水产动物养殖与经营管理

乐瑞源　王秀青　陈雪梅　主编

中国农业科学技术出版社

图书在版编目(CIP)数据

水产动物养殖与经营管理 / 乐瑞源，王秀青，陈雪梅主编. —北京：中国农业科学技术出版社，2015.8

ISBN 978-7-5116-2187-0

Ⅰ.①水… Ⅱ.①乐…②王…③陈… Ⅲ.①水产养殖-技术培训-教材 Ⅳ.①S96②F320.3

中国版本图书馆 CIP 数据核字(2015)第 172196 号

责任编辑 崔改泵
责任校对 贾海霞

出 版 者 中国农业科学技术出版社
北京市中关村南大街 12 号 邮编：100081
电 话 (010)82109194(编辑室) (010)82109702(发行部)
(010)82109709(读者服务部)
传 真 (010)82106650
网 址 http://www.castp.cn
经 销 者 各地新华书店
印 刷 者 北京富泰印刷有限责任公司
开 本 850mm×1 168mm 1/32
印 张 6.5
字 数 163 千字
版 次 2015 年 8 月第 1 版 2015 年 8 月第 1 次印刷
定 价 26.80 元

《水产动物养殖与经营管理》

编　委　会

主　编　乐瑞源　王秀青　陈雪梅

副主编　郑应龙　李贵民

编　委　包国宝　尧德华

目　　录

第一章　养殖鱼类的形态结构

第一节　养殖鱼类的体形

鱼类在演化发展过程中，由于生活习性和生活环境的差异，形成了多种多样与之相适应的体形（图1－1）。

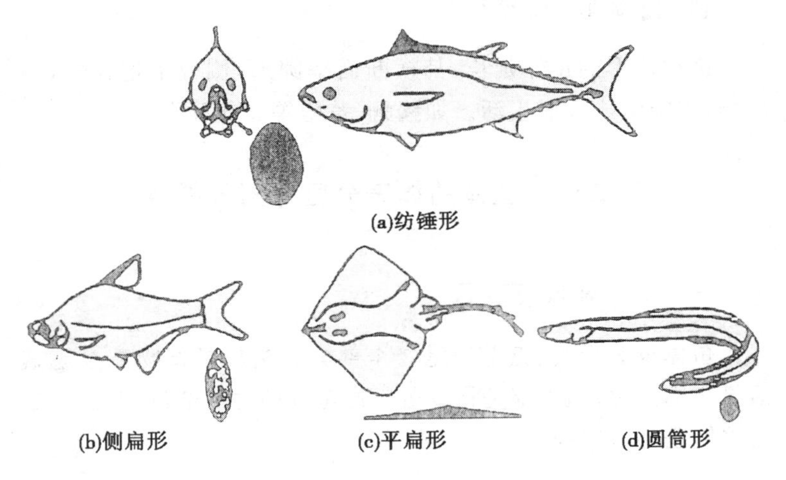

图1－1　鱼类的基本体形

一、纺锤形（又称梭形）

这种体形的鱼类，头、尾稍尖，身体中段较粗大，其横断面呈椭圆形，侧视呈纺锤状，适于在静水或流水中快速游泳活动。如金枪鱼、鲤鱼、鲫鱼等为此种类型。

二、侧扁形

这种体形的鱼体较短，两侧很扁而背腹轴高，侧视略呈菱形，通常适宜于在较平静或缓流的水体中活动。如长春鳊、团头鲂等属此种类型。

三、平扁形

这种体形鱼类的特点是背腹轴缩短，左右轴特别延长，鱼体呈左右宽阔的平扁形，多栖息于水体的底层，运动比较迟钝。如斑鳐、南方鲆、平鳍鳅等属此种类型。

四、圆筒形(棍棒形)

这种体形的鱼体延长，其横断面呈圆形，侧视呈棍棒状，多底栖，善穿洞或穴居生活。如鳗鲡、黄鳝等属此种类型。

第二节　鱼体的体表分区与附属器官

一、鱼类的体表分区

鱼体可分为头、躯干和尾 3 个部分。头部是指吻端至鳃盖后缘之间部位；躯干部是指鳃盖后缘至肛门之间部位；肛门以后至尾鳍基部为尾部。

二、鱼类体表的主要附属器官

1. 鱼类头部的附属器官

主要有口、须、眼、鼻孔和鳃孔等器官。

口一般位于吻端，由上下颌组成，它既是捕食器官，也是鱼类呼吸时入水的通道。口的附近有须，如鲤鱼有 2 对须，鲫鱼有 1 对须。须具有感觉和味觉功能，并可辅助寻觅食物。多数鱼类的眼睛位于头部两侧，没有眼睑，不能闭合，也不能较大幅度地转动。眼的角膜平坦，水晶体呈圆球形，它的曲度不能改变。鱼眼的前上方左右各有一个鼻腔，其间有膜相隔，分为前后两鼻孔，后者不与口腔相通，故鱼类的鼻孔没有呼吸作用，只有嗅觉功能。头后部两侧鳃盖后缘有 1 对鳃孔（鳝鱼的左右鳃孔合成 1 个，位于腹面），它是呼吸时出水的通道。

2. 鱼类躯干部和尾部的附属器官

主要有鳍、鳞片和侧线等器官（图 1－2 至图 1－5）。

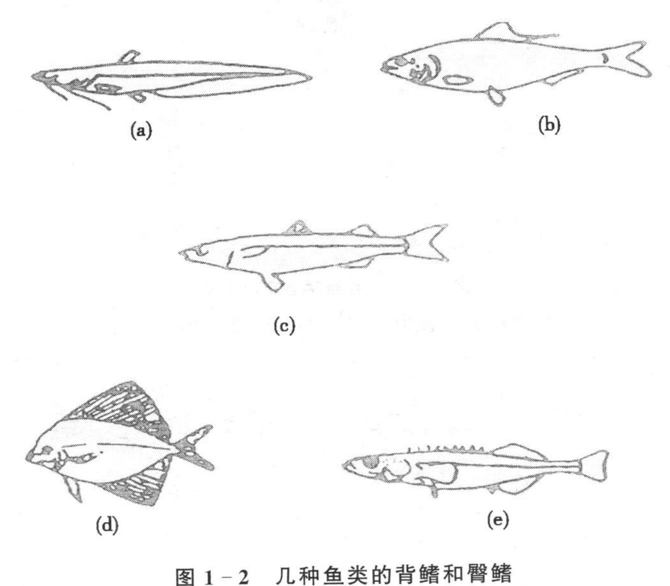

图 1－2 几种鱼类的背鳍和臀鳍

(a)鲇；(b)斑鰶；(c)鲻；(d)帆鱼；(e)中华多刺鱼

鳍是鱼类主要的平衡、运动器官，按其所着生的位置，可分为背鳍、胸鳍、腹鳍、臀鳍和尾鳍。鱼在水中游动时，各鳍相互配合，起到保持身体的平衡、推进、停止、减速、转弯变向等作用。大多数鱼类的体表都被有坚实的鳞片，它是皮肤的衍生物，通常呈覆瓦状排列，具有保护鱼体的作用。有些鱼类的鳞片退化，如鳗鲡、鳍鱼等;散鳞镜鲤只残留少量鳞片。在鱼体的两侧各有一条由鳞片上的小孔排列成线状的构造,这就是侧线。侧线具有听觉和触觉功能,是鱼类特有的感觉器官,能感觉水流方向和水压的变化。

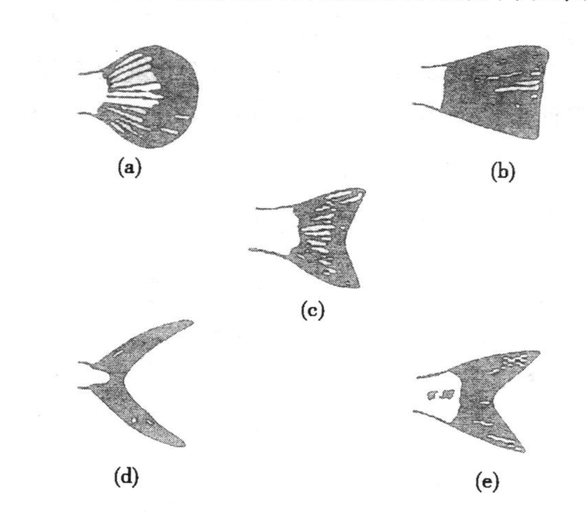

图 1-3　尾鳍类型与形状

(a)圆形;(b)平截形;(c)凹形;(d)新月形;(e)叉形

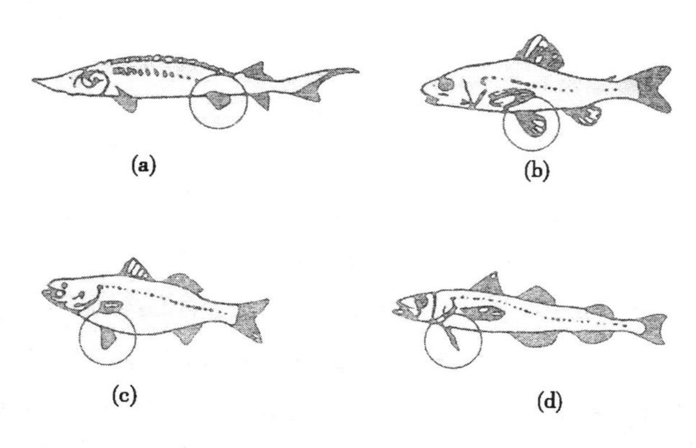

图 1-4　腹鳍位置

(a)腹位;(b)亚胸位;(c)胸位;(d)喉位

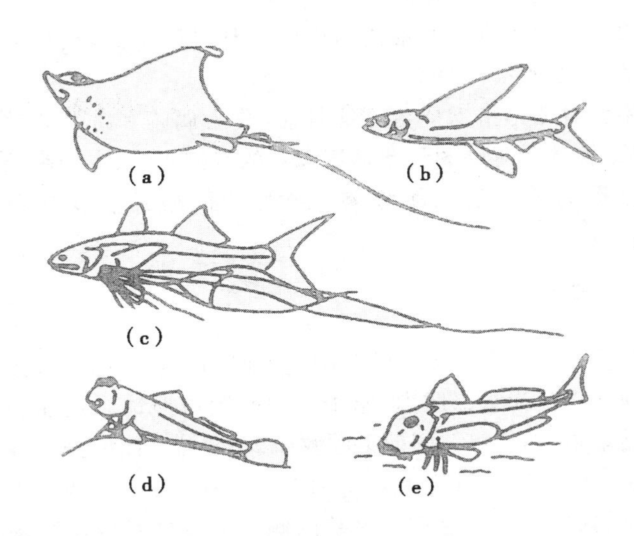

图 1－5　几种鱼类的胸鳍

(a)鲼;(b)飞鱼;(c)马鲅;(d)弹涂鱼;(e)鲂鮄

第三节　鱼类的内部构造

一、骨骼

鱼类与其他脊椎动物一样,具有发达的骨骼。骨骼的功能主要在于支持身体、保护体内器官和配合肌肉产生与生命相关的动作。

骨骼分为外骨骼和内骨骼,外骨骼包括鳞、鳍条和棘刺等;内骨骼是指埋在肌肉里的骨骼,包括头骨、脊柱和附肢骨骼。头骨由脑颅和咽颅两部分组成。硬骨鱼类的脑颅是在软颅的基础上骨化成许多小骨片,同时新增加了一些膜骨。其主要作用是保护脑。咽颅由 1 对颌弓、1 对舌弓和 5 对鳃弓所组成,分别具有支持颌、舌和鳃的功能。

脊柱由体椎和尾椎 2 种脊椎骨组成,体椎附有肋骨,尾椎无肋骨着生。每个脊椎的椎体前后两面都是凹形的，故称之为双凹椎体，这是鱼类所特有的。

附肢骨骼是指支持鱼鳍的骨骼，分为偶鳍和奇鳍骨骼。支持背鳍、臀鳍和尾鳍的骨骼是不成对的奇鳍骨骼；支持胸鳍和腹鳍的骨骼为成对的偶鳍骨骼。鱼类的偶鳍骨骼没有和脊柱连接。

二、肌肉

鱼类产生一系列动作的基础就是肌肉。鱼类的肌肉按作用点不同可以分为头部肌肉、躯干肌肉和附肢肌肉。鱼体头部肌肉种类繁多，如司口关闭的下颌收肌、司鳃盖开闭的鳃盖开肌和收肌等。躯干肌肉分为大侧肌和上下棱肌，大侧肌是鱼体最大最重要的肌肉，自头后直至尾基两侧。上下棱肌位于背部和腹部中线上（软骨鱼类无棱肌）。附肢肌肉包括胸鳍肌、腹鳍肌、背鳍肌、臀鳍肌、尾鳍肌，这些肌肉都是从大侧肌分化而来。

三、消化系统

消化系统由消化道和消化腺组成。消化道起于口腔，经咽、食道、胃、肠，终于肛门。鱼类的口腔和咽无明显区分，因此常把它们合称为口咽腔。

1. 消化道

口咽腔内有齿和鳃耙等构造。一般鱼类具有颌齿和咽齿两种，前者多起摄取食物的作用，后者则有压碎和咀嚼食物的功能。鳃耙着生在鳃弓内缘，它是咽部的滤食器官。草食性和杂食性的鱼类（如草鱼、鲤、鲫等）鳃耙较疏短，以浮游生物为主要食物的鱼类（如鲢、鳙等）鳃耙则密而长。

口咽腔连接食道，一般短宽而壁厚，具有较强的扩张性，以利吞食比较大型的食物。食道内有味蕾和发达的环肌，具有选择食物的作用。

胃在食道的后方，是消化道中最膨大的部分。鲤科鱼类通常没有明显的胃，其外表与食道并无多大差别，但鲇科等肉食性鱼类的胃却很发达，界限也很明显。

胃后是肠，其长短因鱼的食性不同而有很大差别，偏于肉食性鱼类的肠较短，偏于草食性和滤食性鱼类的肠较长，杂食性鱼类肠的长度介于二者之间。

肠的末端是肛门，被消化后的食物残渣和不能消化的其他物质，则由肠的蠕动经肛门排出体外。

2. 消化腺

鱼类的消化腺包括胃腺、肠腺、肝脏、胰腺和胆囊等。这些腺体能分泌各种消化液使食物被消化。胃腺分泌的胃蛋白酶，肠腺分泌的肠蛋白酶和胰腺分泌的胰蛋白酶，均能消化各种蛋白质。肝脏和胰脏的分泌物含有较多的淀粉酶和脂肪酶，可分别把糖类和脂肪分解而被肠壁吸收。

四、呼吸系统

1. 鳃

主要由鳃弓、鳃片和鳃耙组成。鳃弓是支持鳃片的骨骼。鳃耙有过滤食物的功用，它与呼吸作用无直接关系。鳃片由许多鳃丝组成，鳃丝又由很多鳃小片构成，其上密布着无数的毛细血管，是气体交换的场所。当水通过鳃丝时，鳃小片上的微血管通过本身的薄膜摄取水中的溶解氧，同时排出 CO_2。鱼类不断地用口吸水，经过鳃丝从鳃孔排出，完成呼吸过程。一旦鱼离开了水，鳃就会因失水而互相黏合或干燥，从而失去交换气体的功能，导致鱼窒息死亡。

2. 副呼吸器官

有些鱼类除了用鳃呼吸以外，还有一些辅助的呼吸器官，称为副呼吸器官。副呼吸器官分布着许多微血管，能进行气体交换，具有一定的呼吸功能。例如，鳗鲡和鲇鱼都能用其皮肤呼吸；泥鳅能用肠呼吸（把空气吞入肠中，在肠道内进行气体交换）；鳝鱼可以借助口咽腔表皮呼吸；乌鱼可以用咽喉部附生的气囊呼吸；埃及胡子鲇的鳃腔内也有树枝状的副呼吸器官等。上述鱼类都可以离水较长时间而不至于很快死亡。

3. 鳔

是多数鱼类具有的器官，无呼吸作用。鳔呈薄囊形，位于体腔背方，一般为二室，里面充满气体。它是鱼体适应水中生活的比重调节器，可以借放气和吸气，改变鱼体的比重（相对密度），有助于上升或下降。

五、血液循环系统

鱼类的血液循环系统主要由心脏和血管构成。心脏位于最后一对鳃的后面下方，靠近头部，由一个心房和一个心室组成。血液经血管由心室流出，经过腹大动脉进入鳃动脉，深入鳃片中各毛细血管，其红细胞在此吸收氧气，排出血液中的 CO_2，使血液变得新鲜。此后，血液流出鳃动脉而归入背大动脉，再由许多分支进入鱼体各部组织器官。然后转入静脉，再汇集到腹部的大静脉。静脉血液经过肾脏时被滤去废物，流经肝脏后重新进入心脏循环。

六、排泄器官

鱼类主要的排泄器官是肾脏，位于腹腔的背部，呈紫红色。肾脏可分为前、中、后 3 个部分。肾脏后部延伸出输尿管，左右输尿管在腹腔后部愈合，并突出一个不大的膀胱。膀胱后方通过泌尿孔或者尿殖孔与外界相通。鱼的肾脏除了具有泌尿的功能以外，还可以调节体内的水分，使之保持恒定。另外，鱼鳃也有排泄作用，其主要排出物是氨、尿素等易扩散的氮化物和某些盐分。

七、生殖系统

鱼类的生殖系统包括一对生殖腺和输精管。生殖腺在雄鱼体内称为精巢，在雌鱼体内称为卵巢。多数鱼类为雌雄异体，生殖腺成对，即精巢或卵巢都是左右各一个，由系膜悬挂在腹腔背壁上。绝大部分鱼类是体外受精的，即精子和卵子均由亲鱼产出后在水中结合受精。精巢是产生精子的器官，位于鳔的两侧腹腔内。未达到性成熟时呈淡红色，成熟后精巢为乳白色，内有许多精液。输精管紧接精巢，左右输精管后段合并为总输精管，其末端以尿殖孔开口在肛门之后。卵巢与精巢的着生部位相同，性成熟时可以看到卵巢内有许多卵粒。卵巢有包膜向后延伸形成输卵管，末端由生殖孔通体外。

八、神经系统

鱼类的神经系统由中枢神经系统、外围神经系统和植物性神经系统等 3 个部分组成。中枢神经系统由脑和脊髓组成。脑是鱼的指挥控制系统，它由端脑、间脑、中脑、小脑、延脑组成；外围神经系统包括脊神经和脑神经两个部分；植物性神经系统是一类专门管理内脏平滑肌、心肌、内分泌腺和血管扩张收缩等活动的神经。

第二章　养殖鱼类的种类及其生活习性

第一节　鲤形目

鲤形目是一群比较原始的真骨鱼类，主要栖息在淡水中。本节主要介绍鲤形目中的鲤科鱼类。

一、青鱼

青鱼又名鲭、青鲩、乌青、螺蛳青、黑鲩、乌鲩、黑鲭、乌鲭、铜青、青棒、五侯青等(图2-1)。

图2-1　青鱼

青鱼为底层鱼类，在天然的江、河水域中主要以螺、蚌、蚬类和水生蚯蚓及昆虫等动物性饵料为食。鱼苗阶段以食浮游动物为主，栖息于水的中下层，适宜的生长水温为20～28℃。喜欢在水质清新、溶氧较高的水域栖息生长。

青鱼生长迅速，1～2龄是体长生长最快阶段，3～4龄开始减缓，2～3冬龄体重可达3～5kg。

二、草鱼

草鱼又名鲩、油鲩、草鲩、白鲩、草鱼、草根（东北）、混子等（图 2-2）。

图 2-2　草鱼

草鱼属中下层鱼类，栖息于平原地区的江河湖泊中，一般喜居于水的中下层和近岸多水草区域。性活泼，游泳迅速，常成群觅食，为典型的草食性鱼类。体长 6cm 以下的鱼苗主要摄食浮游动物和藻类，体长 6cm 以上时，其食性就明显地转向摄食各种水生植物，也喜吃各种陆生嫩草（如各种牧草）、米糠、麸皮、豆饼、豆渣和酒糟等。草鱼摄食量较大，日摄食量通常为体重的60%～70%。草鱼生长的最适水温为24～30℃，当水温下降到10℃以下时停止摄食。

草鱼生长迅速，就整个生长过程而言，体长增长最迅速时期为 1～2 龄，体重增长则以 2～3 龄为最迅速。当 4 龄鱼达性成熟后，增长就显著减慢。1 冬龄鱼体长为 35cm 左右，体重为750g 左右；2 冬龄鱼体长约为 60cm，体重达 3.5kg。

三、鲢鱼

鲢又叫白鲢、水鲢、跳鲢、鲢子等，属于鲤形目、鲤科（图 2-3）。

鲢属中上层鱼类，性极活泼，善于跳跃，是典型的滤食性鱼类。在鱼苗阶段主要以浮游动物为食，体长 1.5cm 以上的幼鱼

图 2－3　鲢鱼

和成鱼则逐渐转为摄食浮游植物。在人工养殖条件下，也能摄食人工投喂的商品饲料，如黄豆浆、豆渣粉、米糠、麦麸、玉米粉等，更喜吃小颗粒配合饲料。适宜在肥水中养殖，生长的适宜水温为 20～30℃。

在自然水域中，第 1 年体重可达 0.5kg，第 2 年达 2kg，第 3 年达 3.5kg，第 5 年可达 7kg 以上，第 6 年可达 10kg。但在人工养殖条件下，第 1 年体重仅 50～200g，第 2 年 500g 以上。

四、鳙鱼

鳙又名花鲢、胖头鱼、黑鲢、松鱼、大头鱼等，属鲤形目、鲤科、鲢亚科、鳙属（图 2－4）。

图 2－4　鳙鱼

鳙属中上层鱼类，性温驯，动作较迟缓，不喜跳跃。滤食性鱼类，鱼苗、幼鱼及成鱼都以轮虫、枝角类、桡足类等浮游动物为主要食物，也摄食部分浮游植物。生长适宜水温为 20～30℃。

鳙的生长速度比鲢快，在天然河流、湖泊等水域中，体长增长以第 2 年最快，4 年后急剧下降；体重以第 3 年增长最快，第 1 年可达 0.5kg，第 2 年 2.6kg，第 3 年可达 7kg 以上。

五、鲤鱼

鲤又名鲤子、鲤拐子等(图 2－5)。

图 2－5　鲤鱼

鲤属底层鱼类，生活在水体下层，对环境的适应性较强，在水温 15～30℃范围内均能很好地生长。它比草鱼、青鱼、鲢鱼、鳙鱼适应性强，能在恶劣的环境中生存，能在盐度较高的水中生长。当水体中的溶氧下降到 0.5mg/L 时，也不致窒息死亡。鲤是典型的杂食性鱼类，但更喜食动物性食物，在鱼苗、鱼种阶段主要摄食浮游动物和轮虫等，成鱼阶段摄食各种螺类、幼蚌、水蚯蚓、昆虫幼虫和小鱼虾等水生动物，也摄食各种藻类、水草和植物碎屑等；在池内或网箱中养殖时，常投喂各类人工配合饲料。

在池塘密集养殖条件下，第 1 年可达 50～100g，第 2 年达 250～500g。杂交鲤鱼生长更快，体长 1～2 龄增长最快。

六、鲫鱼

鲫鱼又名鲫瓜子、鲋鱼、鲫拐子、朝鱼、刀子鱼、鲫壳子等(图 2－6)。

鲫属底层鱼类，温带性鱼类，适应能力特别强，能承受 0℃的低温，也能忍受 0.1mg/L 以下的低溶氧，在 pH 值为 10 左右的水体中也能生长繁殖。是杂食性鱼类，幼鲫主要摄食浮游生物和植物嫩芽、腐屑等，成鱼喜食各种水生昆虫和底栖动物，也

图 2－6　鲫鱼

摄食各种人工配合饲料，对食物无严格选择。

一般品种生长较慢，第 1 年能长到 50g，第 2 年才能达 100g 左右，第 3 年达 200g 以上。但是杂交鲫、工程鲫（湘云鲫）生长速度比普通鲫快 1～2 倍，当年繁殖的鱼苗年底即可长到 250g 左右。

七、团头鲂

团头鲂又名团头编、武昌鱼、平胸编等，属鲤形目、鲤科、鲌亚科、鲂属（图 2－7）。

图 2－7　团头鲂

团头鲂属中上层鱼类，性情温和，常栖息在水质清新、水草茂盛的水体中，亦能在河道、池塘、网箱等水域中生长。属草食性鱼类，幼鱼以摄食浮游生物为主，随着鱼体的成长转而以水草、旱生牧草、轮叶黑藻草和水生昆虫为食，亦可摄食各种人工配合饲料。

在池塘密养情况下，1 龄鱼可长至 20g 左右；采用稀放套养，当年鱼体重可达 30～50g；2 龄鱼体重达 200～400g。

第二节　鲈形目

鲈形目鱼类只有少数生活在淡水水域中，大多数生活在海洋中，大多为卵生，亦有卵胎生，体内受精。常见的淡水养殖种类主要有鳜鱼和罗非鱼。

一、鳜鱼

鳜鱼俗称鳜花鱼、季花鱼、桂花鱼、桂鱼等，属鲈形目、鮨科、鳜亚科、鳜属（图 2－8）。

图 2－8　鳜鱼

鳜鱼喜欢栖息于静水或缓流的水体中，尤以水草茂盛的湖泊中数量最多。

冬季不大活动，常在深水处越冬，一般不完全停止摄食。春季天气转暖时，则游到沿岸浅水区觅食。此时的雌雄鱼白天都有侧卧在湖底下陷处的卧穴习性。夜间在水草丛中活动、觅食，主要以其他鱼类为食。

二、罗非鱼

罗非鱼又名非洲鲫鱼，隶属于鲈形目、鲈形亚目、丽鱼科、罗非鱼属(图 2－9)。

(a)　　　　　　(b)

图 2－9　罗非鱼

(a)尼罗罗非鱼;(b)莫桑比克罗非鱼

当前在我国养殖的罗非鱼属种类主要有尼罗罗非鱼、奥利亚罗非鱼、莫桑比克罗非和红罗非鱼 4 种。

罗非鱼是一种中小型鱼类,其外形、个体大小有点类似鲫鱼,鳍条多似鳜鱼。广盐性鱼类,海淡水中皆可生存;耐低氧,一般栖息于水的下层,但随水温变化或鱼体大小改变栖息水层。罗非鱼食性广泛,大多为植物性为主的杂食性,摄食量大;生长迅速,尤以幼鱼期生长更快。罗非鱼的生长与温度有密切关系,生长的适宜水温为 22～35℃。

第三节　鲶形目

鲶形目均为底栖肉食性鱼类,很多种类是重要的食用鱼,也是常见的游钓鱼类。大口鲶、斑点叉尾鮰、革胡子鲶 3 种为常见养殖品种。

一、大口鲶

大口鲶又名南方大口鲶、大河鲶鱼、河鲶、叉口鲶等,隶属于鲶形目、鲶科、鲶属。

大口鲶属于温水性底层鱼类,是一种名贵经济鱼类。对水中溶氧要求略高于四大家鱼，当水中溶氧在 5mg/L 以上时，生长速度最快，饲料转化率最高；当溶氧低于 2mg/L 时出现浮头现象。适应 pH 值范围为 6～9。南方大口鲶昼伏夜出，性情温顺，不钻泥，易起捕。大口鲶是凶猛的肉食性鱼类，其摄食对象多是鱼类、蚯蚓、螺蚌肉等。

1～3 龄的大口鲶生长速度最快。当年 4 月人工孵化出的鱼苗养到年底全长可达 40cm、体重 0.75kg 左右；第 2 年最大个体可达 60cm，体重 2.5kg 左右；第 3 年体重可达 4kg 左右。

二、斑点叉尾鮰

斑点叉尾鮰又称沟鲶、美洲鲶等，属鲶形目、鮰科（图 2 - 10）。

图 2 - 10　斑点叉尾鮰

斑点叉尾鮰为温水性淡水鱼类，以植物性饲料为主的杂食性鱼类，在天然水域中，主要摄食底栖生物、水生昆虫、浮游动物、轮虫、有机碎屑和大型藻类等。人工养殖条件下对各种配合饲料都能摄取。适温范围 0～38℃，最适生长水温 20～34℃。

该鱼生长速度与草鱼相近，当年的鱼苗养至年底可达100～150g，第 2 年年底可达 1～2kg，以夏、秋季节生长速度最快。

三、革胡子鲶

革胡子鲶又称埃及塘虱、埃及胡子鲶等。

革胡子鲶属于底层鱼类，性情温驯，在池塘中不打洞筑巢，夜间活动频繁，常成群结队索饵。其是以动物性饵料为主的杂食性鱼类，在天然水域中，主要摄食小鱼虾、水生昆虫、底栖生物等，也摄食浮萍等水生植物。在人工饲养条件下，可摄食动物性饲料、人工配合饲料。其适应温度范围为8～38℃，生长适温为13.5～35℃。鳃上器官发育完善后，能在低氧环境中生存。

第四节　鳗鲡目

鳗鲡目包括2亚目19科147属约600种。中国有1亚目12科47属110多种。常见的种类主要是鳗鲡，又称白鳝、青鳝等。

鳗鲡通常生活于淡水中，生殖时洄游到海洋中产卵，产卵后亲鱼即死去，卵受精后发育成透明的柳叶状小鱼，称柳叶鳗，经变态发育为成鱼状，进入淡水中生长，成长至性成熟，又回深海产卵。属于降河性产卵洄游鱼类。

第五节　鲽形目

属于硬骨鱼纲，因游动似蝶飞而得名。常见种类为牙鲆和大菱鲆两种。

一、牙鲆

牙鲆又名牙片、左口、比目鱼等[图2－11(a)]。

牙鲆为冷温性底栖鱼类，具有潜沙习性，幼鱼多生活在水深10m以上、有机物少、易形成涡流的河口地带。

二、大菱鲆

大菱鲆在欧洲称为比目鱼，在中国又称“多宝鱼”，隶属鲽形目、鲆科、菱鲆属[图2－11(b)]。

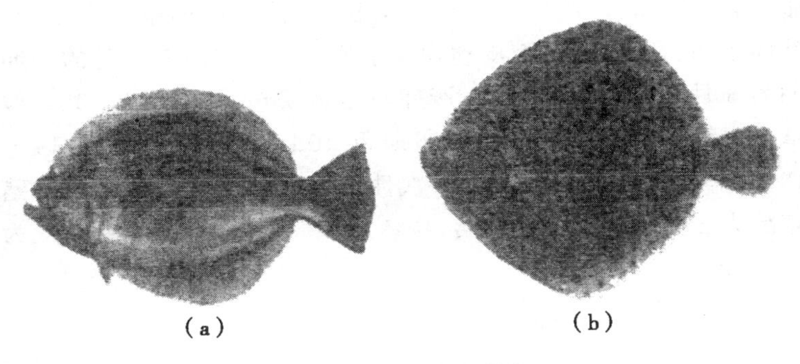

(a)　　(b)

图 2-11　牙鲆、大菱鲆

(a)牙鲆;(b)大菱鲆

大菱鲆为底栖冷水性鱼类,耐受温度范围为 3～23℃,养殖适宜温度为 10～20℃,14～19℃;水温条件下生长较快,最佳养殖水温为 15～18℃。大菱鲆适应盐度范围较宽,耐受盐度范围为 12～40,适宜盐度为 20～32,最适宜盐度为 25～30。

第六节　鲀形目

鲀形目共有 4 亚目 11 科 92 属 320 余种,中国产 11 科 52 属 106 种。东方鲀俗称河鲀、廷巴、气鼓鱼等(图 2-12)。鲀形目中东方鲀属种类最多、经济价值最高,其中,红鳍东方鲀和假睛东方鲀等在国际市场上最为畅销。

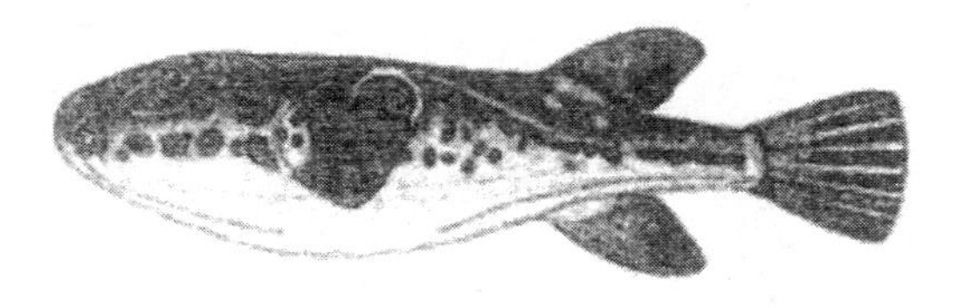

图 2-12　红鳍东方鲀

东方鲀系近海底层鱼类,喜栖息在近海及咸淡水中,有的种也进入到江河之中。由于体内有气囊,遇到敌害时可使腹部膨胀，具咬斗、潜沙、鸣叫等特性。肉食性，摄食底栖甲壳类动物、软体动物、环节动物、棘皮动物及小型鱼类。红鳍东方鲀的产卵期为3月下旬至5月中旬，产卵场水深20m，盐度32～33。假睛东方鲀繁殖期为5月，产卵期仅10d左右，产卵水温14～18℃，盐度为33。东方鲀属一次性产卵的鱼类。雌鱼最小成熟年龄为3龄，一般为4～5龄；雄鱼最小成熟年龄为2龄，一般为3～4龄。

第三章 养殖场所的准备

第一节 养殖场所的选择

池塘是鱼类的生活场所。池塘的条件与鱼类的生存、生长和发育有着密切的关系。鱼类只有在一个适宜的环境条件下才能健康地生长和生存,对生产者来说才能获得较高的经济效益。池塘的环境因素是相当复杂的。因此,如何创造和控制池塘的最佳环境是养殖生产者必须重视的首要问题。

从大的方面来说,池塘的条件可分为池塘的环境条件、结构条件、水体条件以及进排水条件等。

一、池塘的环境条件

池塘的环境条件主要是池塘的外部条件,具体可以分为水源、水质、土质、地形和交通五方面。

1. 水源

水源是池塘环境条件中必不可少的一项。池塘应有良好的水源条件,以便能够经常加注新水。由于池塘内鱼类饲养密度较大,其投饲施肥量大,池水溶氧量往往供不应求,此种情况下水质容易恶化,导致鱼类严重浮头而大批死亡。所以,池塘位置首先要选择水源条件好、水量充足的地方。

只要水质好、水量足,江河、湖泊、水库、山泉或地下水都可以作为养鱼的水源。建造养鱼池要掌握当地的水文、气象资料,旱季要能储水备旱,雨季要能防洪排涝。

2. 水质

水质是指水中溶解、悬浮物质的种类及含量。水质的好坏,对鱼类的生长影响很大，并与人体健康有关。近年来，由于我国工业的蓬勃发展，江河、水库和湖泊的水源已受到不同程度的污染，鱼类等水生生物也受到不同程度的危害。因此，在选择建池场地时，水质也是要着重考虑的条件，养殖池塘的水质必须符合我国颁布的渔业水质标准。

池塘最好选择靠近河边或湖边的地方，因为河、湖的水质条件一般比较好。井水也可以作为养鱼的水源，但因其水温和溶氧量均较低，所以在使用时应先将井水流经较长的渠道或设晒水池，并在进水口下设接水板，待水落到接水板上溅起后再流入池塘，以提高水温和溶氧量。

3. 土质

土质是土壤中所含沙粒、黏土粒、粉粒及有机物质的量。土质中所含沙粒、黏土粒、粉粒及有机物质的比例不同，将会直接影响池塘堤埂的保水和保肥性能；因此，建造池塘对土质有一定的选择性，不同类型土质的特点见表 3－1。

表 3－1　不同类型土质的特点

类型	物理特性	保水能力
沙土	硬度适当，透水性强	弱
壤土	硬度适当，透水性弱	一般
黏土	土质坚硬，堤埂易龟裂	强

沙土、粉土、砾质土等土质无保水能力，均不能用于建造池塘，否则池塘灌水后容易发生渗漏坍塌。建造池塘最理想的土质是沙土，其次为黏土。

壤土性质介于沙土和黏土之间，并含有一定的有机物质，硬度适当，透水性弱，吸水性强，养分不易流失，土壤内空气流通，有利于有机物的分解。

黏土保水能力强，干旱时土质坚硬，堤埂易龟裂，吸水后呈糯糊状。冰冻时膨胀很大，冰融后变松软。

4. 地形

对地形的选择是为了节省劳力和投资。平地建造池塘，工程量小，投资最少。丘陵地带，地势起伏较大，可利用地形，规划成梯级池塘，这有利于池塘的进水和排水。

5. 交通

养殖场每年有大量的养殖物资和成品鱼需要运输。因此，便利的交通线路是养殖场发展不可缺少的条件之一。一般选择交通便利的地方，如果交通不方便，在建造池塘的同时应该考虑修筑道路或开通水路。

二、池塘的结构条件

1. 池塘方位

池塘位置要选择水源充足，水质良好，交通、供电方便的地方建造池塘。这样既有利于注、排水，也有利于苗种、饲料和成鱼的运输和销售。池塘的分布位置，必须方便生产操作，减轻劳动强度，有利于提高工作效率和开展综合利用。在充分利用地形特点的条件下，要在合理调配土方，缩短运输距离，节省劳力和时间等原则的基础上进行。

2. 池塘形状

池塘的形状以长方形为好，长度与宽度之比为(2：1)～(4：1)，一般情况下认为，东西长而南北宽的长方形池塘为最好，宽边最好不超过50m。这样的池塘，能够接受较多的阳光和风力，有利于养殖品种的生长，也便于操作和管理。长方形池塘不仅外形美观，而且有利于饲养管理和拉网操作，注水时也易造成池水的流转，便于池水循环。在池塘的周围不宜有高大的树木和建筑物等，以免遮光、挡风和妨碍操作。

3. 池塘面积

根据目前食用鱼的饲养管理水平，一般认为池塘面积在5～

10 亩(1 亩＝667m^2。全书同)较为合适。成鱼池面积一般在 10～15 亩,最大不要超过 15 亩,以免因投饵不均而造成出塘规格差异过大。此外,水体大,水质较稳定,不易突变。因此,渔谚有"宽水养大鱼"的说法。

4. 池塘水深

池塘需要有一定的水深和蓄水量,以便增加放养量,提高产量。池水较深,蓄水量较大,水质较稳定,对鱼类的生长有利。因此,渔谚有"一寸水、一寸鱼"的说法。但池塘也不是越深越好。如池水过深,下层水光照条件差,溶氧低,加之有机物分解又消耗大量氧气。因此,池水过深,对鱼类的生存和生长均有很大影响。所以,池水水深一般应保持在 1.5～2m,要求池底平坦、不渗漏,池塘底淤泥不超过 10cm。精养鱼池常年水位一般应保持在 2.0～2.5m,一般不宜超过 3m。

5. 池底形状

池塘池底形状一般可分为三种类型:第一种是"锅底型",即池塘四周浅,逐渐向池中央加深,整个池塘形似铁锅底;第二种是"倾斜型",其池底平坦,并向出水口一侧倾斜;第三种是"龟背型",其池塘底部中间高(俗称塘背),向四周倾斜,在与池塘斜坡接壤处最深,形成一条浅槽(俗称池槽),整个池底呈龟背状,并向出水口一侧倾斜。这样年底排水干池时,鱼和水都能集中在最深的集鱼处(俗称车潭),排水捕鱼都十分方便,所以一般池底都选择"龟背型"池底。

6. 池塘堤坝

池塘堤坝是构成池塘的主要部分,是巩固池塘结构、防止水土流失的重要结构。其种类有外围堤、交通堤、排水堤、进水堤和横隔堤等。因用途和土壤性质不同,各种堤坝的堤面宽度和坡度也各不相同。除外围堤外,其他各种堤坝的堤面高程应尽量保持一致,便于交通和操作。各类堤坝作用及技术要求见表

3－2。

表3－2　各类堤坝作用及技术要求

种类		作用	堤面宽度（m）	坡度	平台宽（m）
外围堤		保护全场安全，免遭洪水侵袭	2.5～3.5	1∶2	—
交通堤		通行运输车辆的主要道路	不小于6	1∶2	—
排水堤	自流排水条件	构成排水沟的堤坝	2～2.5	1∶1.5	0.3～0.7
	动力排水条件	构成排水沟的堤坝	1～5	1∶1.5	0.3～0.7
进水堤		建造进水沟的堤	3～4	1∶1.5	0.3～0.7
横隔堤		拉网捕鱼的操作堤	1.5～2	1∶1.5	0.3～0.7

（1）外围堤。外围堤适用于平原湖区地带，作用是保护全场安全，免遭洪水侵袭。因受外荡的风浪冲刷严重，堤面高程不得低于历年的最高洪水水位。堤面宽度要求一般在2.5～3.5m，坡度为1∶2。

（2）交通堤。交通堤是通行运输车辆的主要道路，堤面宽度不得小于6m，坡度为1∶2。

（3）排水堤。排水堤是构成排水沟的堤坝。排水沟可以由两条堤构成，也可以在同一条堤上开沟；如果池塘可以利用优势条件自流排水或在湖区通行船只，则由两条堤构成排水沟为好，每条堤的面宽为2～2.5m，坡度为1∶1.5。如果池塘只能依靠动力排水，则可以在同一条堤面上开排水沟，节省占地面积。堤面宽度为1～5m，坡度为1∶1.5的深水池塘，为了捕鱼拉网操作的方便，在正常水面以下1～1.3m处设置操作平台，便于牵网时站人。平台宽度为0.3～0.7m。

（4）进水堤。进水堤是建造进水沟的堤。堤面宽为3～4m，坡度为1∶1.5。平台要求和排水堤相同。

（5）横隔堤。横隔堤是拉网捕鱼的操作堤。堤面宽为1.5～

2m，坡度为1∶1.5。平台要求和排水堤相同。

三、池塘的水体条件

鱼虾等水生动物终生生活在水中，其外形和内部结构都是与水中的生活相适应的。水是构成水生动物的主要部分，水也是鱼类的生活空间。所以，了解池塘的水体条件也是养好鱼的重要条件之一。池塘的水体条件一般包括水温、透明度、酸碱度、池水的运动、溶解气体和溶解盐类、溶解有机物质等。

1. 水温

水温是鱼类重要的水体环境条件之一。它不仅直接影响鱼类的生活，而且由于温度的高低变化会引起其他环境因素的变化，也间接地制约鱼类的生长发育。因为鱼类属于变温动物，所以，它们的体温会随生活水域的温度变化而变化，水温的变化将直接影响鱼类的代谢程度，从而影响其摄食和发育成长，水温过高或过低都会使鱼类的生长发育受到影响，如果水温变化剧烈，可能会导致鱼类死亡。

一般的养殖鱼类都有其适温范围，如鲢、鳙、草鱼、鲤鱼、团头鲂等主养鱼类的最适宜生长水温一般在20～30℃。在此温度范围内，随着温度的升高，鱼类摄食量增加，生长也加速。反之，随着温度的降低，鱼类摄食量减少，生长也减慢。当水温下降到10～15℃时，鱼类摄食量减少，行动缓慢，生长不快。水温降到4～10℃时，鱼类就会逐渐停止摄食；水温降至4℃以下时，鱼就潜栖池底深处，进行冬眠。

2. 透明度

清洁的水是无色透明的，但当水层达到一定厚度时，由于日光的反射，水面会呈现蓝色。但是当水中含有一定溶解物或悬浮物时，它们就呈现出不同的颜色和出现一定的浑浊度。对于池塘来说，主要是由于投饲施肥以及养殖鱼类的排泄等原因产生的浮游生物。

在池塘养殖过程中，对于池水透明度有一定的要求，一般肥水池塘，透明度在20～40cm。透明度是指水的澄清程度，在实际操作过程中，经常用透明度板来测量池水透明度，以便及时掌握水体情况。

(1)透明度板。透明度板是一个直径为20cm左右的黑白两色的圆盘(铁、铝)砌成黑白相间的4块，盘中央系一个标有尺度的细绳，下系重锤。操作时用小船开至池塘中央，先把透明度板慢慢沉入水中，至刚好肉眼看不见透明度板的圆盘平面时的距离(通常以厘米计)为透明度。

(2)影响透明度的因素。在正常天气情况下，池水中泥沙等物质不多，所以，池水透明度的高低主要决定于水中浮游生物的多少。水中浮游生物量较丰富，有利于鲢、鳙等鱼类的生长。透明度小于20cm或大于40cm，表示池水过肥或较瘦，透明度小于20cm时，往往是蓝藻类过多，透明度大于40cm时，则浮游生物量较少，两者对鲢、鳙等鱼类的养殖均不适宜。

3. 水的酸碱度

水的酸碱度用pH表示，pH值是7的水为中性；小于7为酸性；大于7为碱性。池水的pH值主要决定于游离二氧化碳和碳酸氢盐的比例。一般来说，二氧化碳越多，pH值越低；二氧化碳越少，含氧量越高，pH值越高。pH值对鱼类、水生生物有很重要的影响，pH值过低，水呈酸性，在酸性水中鱼不爱活动，摄食减少，因此生长受到抑制。一般高产池塘水的pH值是中性至弱碱性。如鲢、鳙、草、鲤等温水性养殖鱼类，在pH值为6.5～9的水中都能适应，但最适宜的pH值范围为7.5～8.5。如水质偏酸需施用石灰进行改良。

4. 池水的运动

池水的运动主要是因为风和水的密度差。风力使池塘水面形成波浪，一方面，会加速空气中氧的溶入；另一方面，也可以使池塘上下水层混合，把上层溶氧较高的水传到下层去。因水的密度差而产生的对流是池水运动的一种重要形式。通过夜间的对流，把上层溶氧量较高的水传至下层，使下层水的溶氧得到补充，改善了下层水的水质，同时也加速了下层水和淤泥中有机物质的分解，从而加快池塘物质的循环，提高了池塘的生产力。由于白天池水不易对流，上层水较高的溶氧不能及时传到下层，氧气过饱和时，就会逸出水面而白白浪费掉。至夜间发生对流时，上层水中的氧气已减少很多，虽能使下层的溶氧得到一定的补充和提高，但由于下层水中耗氧因子多，消耗氧量大，使溶氧又很快下降。这样就加快了整个池塘溶氧消耗的速度，容易造成池塘缺氧和凌晨池鱼浮头。因此，在高温季节每天凌晨时分要加强巡塘，发现池鱼浮头，应及时采取措施抢救。

5. 溶解气体

池塘水体中溶解多种气体。一般情况下，水中气体的来源主要有两方面，一方面是从大气中溶入的；另一方面是水生生物的生命活动及池底和水中的物质发生化学变化而在水体中产生。池水中溶解的气体，对鱼类影响最大的是氧气，其次为二氧化碳、硫化氢和氨等。气体溶解于水体中，达到平衡时的浓度称为溶解度。溶解度随着温度的变化而变化，一般的规律：水温上升、气体溶解度下降；水沸腾时，溶解气体全部逸出；压力增加，气体溶解度上升；水体中含盐量增加，气体溶解度下降。

6. 溶解盐类

池塘水中有大量的溶解盐类，它们也是影响鱼类生长的因素，在池水中，对于鱼类生长有益的溶解盐类一般称为营养盐，主要有硝酸盐、磷酸盐、碳酸盐、氯化物等，这些是浮游植物生长、繁殖的营养源，所以溶解盐类和鱼产量的高低有极密切的关系。

7. 溶解有机物质

池塘中由于投喂人工饲料和施放有机肥料而带入大量有机

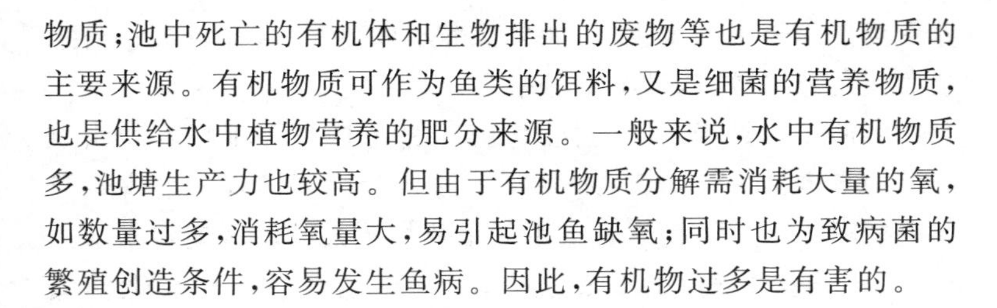

物质；池中死亡的有机体和生物排出的废物等也是有机物质的主要来源。有机物质可作为鱼类的饵料，又是细菌的营养物质，也是供给水中植物营养的肥分来源。一般来说，水中有机物质多，池塘生产力也较高。但由于有机物质分解需消耗大量的氧，如数量过多，消耗氧量大，易引起池鱼缺氧；同时也为致病菌的繁殖创造条件，容易发生鱼病。因此，有机物过多是有害的。

四、池塘的进排水条件

池塘的水深要保持稳定，抗旱排涝，排老水换新水，都需要通过进、排水系统来进行。进、排水系统一般包括进水和排水两方面。

1. 进、排水系统

池塘的进水系统包括抽水泵房、进水拦鱼过滤设施、进水总渠、干渠和支渠，以及各通道上的节制闸、进入各池塘的进水闸和拦鱼设施等。进水渠可用明渠或管道。

(1)进水系统。

a. 抽水泵房。平原湖区养鱼池塘，水源的水位较低，不能自流灌池，需要建造固定式抽水泵房，房屋的结构形式和面积的大小根据需要而定。抽水泵功率大小的选用，可参考下列资料，每灌溉 100 亩鱼池需要 5～8kW。水泵的种类和型号的选择，可根据抽水的高度和水泵的扬程选用。

养鱼池塘常用水泵的种类及特点如下。

离心泵：扬程较高，可达 10m 以上，但相同功率的出水量不如混流泵。

混流泵：扬程较低，不超过 5m，但出水量较大，可供抽水不高的地方选用。

以上两种水泵为固定式水泵，可以固定在泵房内，也可以固定在船上。

潜水泵：是一种活动式水泵，体积小、重量轻、行动方便，是养鱼场使用最多的水泵,但如果保养不好,使用寿命较短。潜水泵的使用范围较广,种类型号很多。

所谓扬程是指水泵的抽水高度,分上扬程和下扬程。水泵以上的高度称为上扬程,水泵以下的高度称下扬程。潜水泵只有上扬程。水泵上扬程管道里的水依靠水泵叶轮转动将水推出管道,下扬程管道里的水依靠水泵叶轮转动真空吸水。因此,安装水泵时要注意两点:第一,下扬程不能超过水泵的额定高度;第二,下扬程管道不能漏气,否则不能形成真空,吸不进水。

b. 过滤设备。水泵的吸水喷头周围应设孔径为1～2cm的铁丝网,以过滤水草和杂物,但无法过滤野杂鱼等有害小动物。因此,在不影响过滤水的情况下,可以再设一道较密的筛网过滤野杂鱼。

c. 进水渠。进水渠是将水引入池塘的输水设施,分为管道和明沟两种结构。管道一般采用钢筋水泥管,直径为400～500mm。其特点是管道输水堤面较为整洁,方便交通,但清淤和修理不便。明沟多数采用水泥板或石板护坡结构,断面呈梯形,深500mm左右,底宽300～400mm,比率为0.5%。

d. 进水口及节制闸。通过进水口将水输入每个池塘,进水口多数为直径100～150mm的陶瓷管,管口可高于池塘水面200～300mm,形成一定的落差,以防止鱼种顶水逃逸。进水沟内设有水泥板做成的节制闸,控制池塘进水量,必要时还设有拦鱼网,防止鱼类串池。

(2)排水系统。排水系统包括池塘排水口控制闸、排水支渠和排水总渠等设施。在排水困难的地方,还需要建排水泵站。

a. 排水。具有自流排水能力的池塘都设有排水口。排水口位于池底最低处,与排水沟相通。成鱼塘灌水较深,多数采用梯级排水。排水管为陶瓷管,管径为200mm左右。排水口用砖和水泥砂浆做成,口径为150mm左右。

b. 排水沟。排水沟沟宽为5～8m,沟底略低于池底,以利于自流排干池水。低洼地区不能自流排干池水时可采用自流排一半、动力抽一半的办法，排水沟底可以高于池底。

进、排水系统必须严格分开，各池自成一个一端注水另一端排水的进、排水小系统，不能几个池塘互相串通，以防污染水质，传播鱼病。

进、排水系统的布局，由于池塘为长方形，一般是东西向排列着。因此，最低一级的渠道以平行于池塘的短边为宜。

在配备进、排水系统设施时，必须根据当地的自然条件、需水量的大小、水源特点和能源供应等情况，选用合适的进、排水设备，以充分发挥其经济效益，达到稳产、高产、旱涝保收的目的。

2. 进、排水渠道

养殖场的进、排水渠道分为总渠、干渠、支渠三级。总渠担负着全场的进、排水任务。干渠负担一区；支渠负担若干个池塘。从建筑形式上可分为明渠和暗渠，即槽式和管式。从建筑材料上可分为土渠、砖砌渠、石块砌渠、瓦管和水泥管等。各个养殖场所采用渠道的形式，要根据各自的经济条件、材料来源的难易来考虑。如有的养殖场傍山而建，石块来源便利，则可采用石块建筑渠道，如有的养殖场一方面经济比较困难；另一方面各种材料一时难以办到，则可以采用土渠，待经济条件宽裕时再改用其他材料建筑。

(1)排水渠道的设计要求。排水渠道主要是用于在换水和干塘时排去池塘的水，根据各地水位和地形的特点，一般可采用涵管和排水沟来进行排水，根据实际的总结，在建造涵管和排水沟时应考虑，换水时能排去池塘底层水和干塘时能排去池塘2/3以上的池水。所以在铺设涵管时，涵管的出水口高于池塘底部50cm即可。涵管的大小应根据生产的需要、换水量的大小而定。排水沟的设计一般面宽为2m，沟坡为1∶1，沟底应与鱼池底部相平或略低，以利于排水的需要。

（2）水闸。水闸是渠道控制水量的建筑物，一般可分进水、排水、分水、节制等水闸。闸门通常都是平面的，用一定厚度的单层木板或水泥板构成，装置要灵活，随时可以启闭。水闸底座一般采用砖石、水泥建造，闸座必须建造牢固，否则闸门易损坏，影响使用效果。闸门侧面应有槽，必要时可插入竹帘或金属栅栏防止鱼类外逃。

第二节　池塘清整

一、池塘的整修

1. 整修池塘的方法

池塘及其设施在养鱼生产过程中，经常因生产操作和波浪的冲击而受到不同程度的破坏。随着使用时间的延长，池塘及其设施受到的破坏程度也越严重。在一般情况下，每隔 2～3 年就要对池塘及其设施进行一次全面的工程维修。

所谓整塘，就是将池水排干，清除过多的淤泥，推平塘底，将池底周围的淤泥挖起敷贴在池壁上，使其平滑贴实，同时也要修整池堤和进排水口、填塞漏洞和裂缝、清除杂草和砖石等。

（1）堤坝的维修。堤坝维修一般安排在冬季。放干池水，由人工将塌方的泥土复原。如有条件，维修时最好采用水泥板进行护堤。

（2）池底的维修。池塘使用时间长，会造成池底残饵、有机物及淤泥堆积。一般池底淤泥厚度不宜超过 20cm，过多的淤泥必须定期消除。清除下来的淤泥肥效较高，可用于种植青饲料。

（3）进排水系统的维修。进、排水渠内水体有一定的流动速度，对渠道有较大的冲刷破坏作用，同时水流中还带有一定量的泥沙，对渠道有淤积和阻塞作用。因此，必须定期清除进、排水渠道内堆积的泥沙，并修补塌方、漏水的隐患部位。

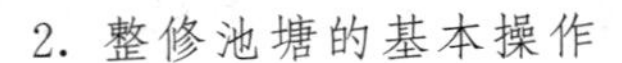

2. 整修池塘的基本操作

(1)清除池塘淤泥。池塘经1年的养鱼后,底部沉积了大量淤泥,故应在干池捕鱼后,进行整塘。进行修塘前,首先要清除池底过多的淤泥,推平塘底,池中只留10cm左右的淤泥,将池底周围的淤泥挖起放在堤埂和堤埂的斜坡上,待稍干时应贴在堤埂斜坡上,拍打紧实,然后立即移栽黑麦草或青菜等,作为鱼类的青饲料。这样既能改善池塘条件,增大蓄水量,又能为青饲料的种植提供优质肥料,也由于草根的固泥护坡作用,降低了池坡和堤埂崩塌的可能。同时要做好池塘的整修工作,修整池堤和进排水口、填塞漏洞和裂缝、清除杂草和砖石等。

(2)整修池塘。池塘经过1~2年的生产,就需要进行整修改造。否则,塘中淤泥加深,蓄水量减少,不利于鱼类的生长;土质差的堤埂经风化冲刷,还会造成严重塌方甚至坍塌,削弱挡水和防逃能力。池塘的整修方法一般有以下4种。

a.修补埂坡。塘埂未严重塌裂,仅在水面以下因水浪冲刷或鱼类拱掘而造成塌方的,可清出池底的淤泥,贴补于塌方的埂坡上,并夯实修整好护坡。若塘底清出的淤泥深度超过15cm,则用于修补埂坡的泥土要用较硬的一层,这样才牢固。

b.邻塘合并。如果塘埂已严重塌裂,修补难度较大,且池塘面积又不大的,就可以挖去残留的塘埂,将其与相邻的池塘合并为一个大的池塘。挖出的埂土和塘内清出的淤泥,可分别用来修补大池塘的埂坡和加固培高埂顶。

c.重新筑埂。如果塘埂塌裂严重,且池塘面积较大(10亩以上)时,就要进行重新筑埂。修筑方法是:先要排干与该埂相邻的两边池塘中的水,暴晒数日,然后将塌裂埂坡的淤泥清除干净(直至挖到塘底以下30cm左右深处),再将塘埂中央残存部分的硬土挖出,用于加固清除淤泥后的埂坡,并将塘底清出的淤泥用来填补塘埂挖出的空缺。新埂筑成后,需待数日后淤泥变硬时,再修整夯实埂面。构筑新“墙”时,若塘埂的土质黏固度较差，则应将塌方处的泥土挖出，从别处取运黏土来填补挖出的空缺，构筑一道新的“墙”埂；有条件的可以在塘埂中央挖去的这层土方处，用水泥砂浆浇灌，建造起一堵坚固的墙埂。

d. 暴晒。在池塘冬休期间，通过池底的冻结、干燥和暴晒，不仅可以杀菌和消除敌害，而且可进一步改良池底的底质，破坏底泥的胶体状态，使其疏松通气。底泥中的有机物质在干燥状态和阳光暴晒下，容易分解，可以提高池塘肥力。

二、池塘的消毒

1. 池塘消毒药品的种类

池塘的消毒药品有很多，常用的主要有生石灰、漂白粉、茶粕和氨水。

(1)生石灰。生石灰遇水生成氢氧化钙，可在短时间内使水的 pH 值迅速提高到 12 以上，24h 内剧烈下降，以后缓慢下降，而后始终稳定在 7～8.5，即呈微碱性，有利于鱼虾及其他水生生物的生活；施用生石灰起直接施肥作用，补充了钙肥，对鱼虾有增产作用。能彻底清除野杂鱼及一些根浅茎软的水草，还能杀灭致病的寄生虫、病原体及其休眠孢子等，可以减少病害的发生；生石灰可澄清池水，使悬浮的胶状有机物质等胶结沉淀；生石灰能释放出被淤泥吸附着的氮、磷、钾等，使水变肥；生石灰遇水变成氢氧化钙后，又能吸收二氧化碳后生成碳酸钙，使淤泥变得疏松，改善底泥的通气条件，加速细菌分解有机质的作用，变瘦塘为肥塘。

(2)漂白粉。漂白粉一般含有效氯 30%左右，遇水分解释放出次氯酸。次氯酸分解释放出氧原子，它有强烈的杀菌和杀死敌害生物的作用，其杀灭敌害生物的效果同生石灰相似。对于盐碱地池塘，用漂白粉清塘不会增加池塘的碱性，因此，往往以漂白粉代替生石灰作为清塘药物。

(3)茶粕。茶粕又称茶籽饼，是油茶的种子经过榨油后剩下的渣滓，压成圆饼状。茶粕含皂角苷7%～8%，它是一种溶血性毒素，可使动物的红细胞分解。10mg/L的皂角苷9～10h可使鱼类失去平衡，11h可致其死亡。茶粕清塘能杀灭野杂鱼、蛙卵、蝌蚪、螺蛳、蚂蟥和一部分水生昆虫，但对细菌没有杀灭作用，而且施用后即为有机肥料，能促进池中浮游生物繁殖。必须强调指出，用茶粕清塘，以杀灭鱼类的浓度无法杀灭池中的虾、蟹类。这是因为虾、蟹体内血液透明无色，运载氧气的血细胞不呈红色（称蓝细胞），茶粕清塘常用的浓度不能使其死亡。所以，生产上有“茶粕清塘，虾、蟹越清越多”之说。

（4）氨水。氨水呈强碱性。高浓度的氨水能毒杀鱼类和水生昆虫等。

清塘药物见表3－3。

表3－3　清塘药物

种类	成分	消毒原理	作用
生石灰	氢氧化钙	遇水产生氢氧化钙，在短时间内使水的pH值迅速提高到12以上	能彻底清除野杂鱼及一些根浅茎软的水草，还能杀灭致病的寄生虫、病原体及其休眠孢子等
漂白粉	含有效氯30%左右	遇水分解释放出次氯酸。次氯酸释放出氧原子，有强烈的杀菌和杀死敌害生物的作用	有强烈的杀菌和杀死敌害生物的作用
茶粕	油茶的种子经过榨油后所剩下的渣滓，压成圆饼状。茶粕含皂角苷7%～8%	是一种溶血性毒素，可使动物的红细胞分解	杀灭野杂鱼、蛙卵、蝌蚪、螺蛳、蚂蟥和一部分水生昆虫
氨水	氨	呈强碱性	毒杀鱼类和水生昆虫等

2. 池塘消毒的操作方法

池塘清塘主要有生石灰清塘、漂白粉清塘、茶粕清塘和氨水清塘等方法。

(1)生石灰清塘。使用生石灰清塘通常有 2 种方法。

a. 干法清塘。即将池水基本排干,池中需积水 6～10cm(这样池内泥鳅等就不会钻入泥中)。一般每亩池塘用生石灰 60～75kg,淤泥较少的池塘每亩用生石灰 50～60kg。施用时在池底挖几个小坑,坑的数量和距离以能够将石灰浆泼遍全池为度。将石灰放入坑内,待吸水化成石灰浆后及时全池泼洒。也可将生石灰放入大的锅、盆等容器内加水化开后全池泼洒。最好在第二天用耙将池底耙一遍,使石灰和塘泥充分搅和,充分发挥石灰的作用。

b. 带水清塘。一般水深 1m,每亩用生石灰 125～150kg;水深 2m,则生石灰量加倍,将石灰放在容器内加水化开后全池泼洒。清塘后7～10 天就可放鱼。

(2)漂白粉清塘。使用方法是先计算池水体积,每立方米池水用 20g 漂白粉,即 20mg/L 将漂白粉放入木桶或瓷盆内加水稀释后立即均匀泼遍全池。漂白粉能杀死病菌、寄生虫和各种敌害生物,而且用量少、省人力、毒性消失快,在生石灰缺乏或交通不便的地方,或急等清塘时可用漂白粉。但漂白粉的消毒效果受水中有机质的含量影响很大,水质肥、有机质多,消毒效果就差。漂白粉改良土壤和水质的作用很小。漂白粉清塘后 5～6 天就可放鱼。

(3)生石灰和漂白粉混合清塘。水深 1m 每亩用生石灰 65～75kg,漂白粉 5～7.5kg。效果比单用生石灰或漂白粉效果好。清塘后 7～10 天可放鱼。

(4)茶粕清塘。使用方法是将茶粕敲成小块,放在容器中用水浸泡,水温 25℃左右时浸泡一昼夜即可使用。施用时再加水，均匀泼洒于全池。每亩池塘水深20cm用量26kg，水深1m用量35～45kg。上述用量可视塘内野杂鱼的种类而增减，对不钻泥的鱼类用量可少些，反之则多些。

(5)氨水清塘。清塘时，水深10cm，每亩池塘用氨水50kg。用时需加几倍干塘泥搅拌均匀后全池泼洒。加干塘泥的目的是减少氨水挥发。氨水也是良好的肥料，清塘加水后，容易使池水中浮游植物大量繁殖，消耗水中游离的二氧化碳，使池水pH值上升，从而增加水中分子氨的浓度，容易引起鱼苗中毒死亡。故用氨水清塘后，最好再施一些有机肥料，以培养浮游动物，借以抑制浮游植物的过度繁殖，避免发生死鱼事故。

3. 池塘消毒注意事项

①生石灰清塘的技术关键是所采用的石灰必须是块灰。只有块灰才是氧化钙，才可称为生石灰；而粉灰是生石灰已潮解后与空气中的二氧化碳结合形成的碳酸钙，称熟石灰，不能作为清塘药物。

②漂白粉加水后放出氧原子，挥发、腐蚀性强，并能与金属起反应。因此，用漂白粉消毒时操作人员应戴口罩，用非金属容器盛放(不能用铝、铁制容器，以免氧化而损坏)，在上风处泼洒药液，并防止衣服沾染而被腐蚀。此外，漂白粉全池泼洒后，需用船或浆晃动或划动池水，使药物迅速在水中均匀分布，以加强清塘效果。

漂白粉受潮易分解失效，受阳光照射也会分解，故漂白粉必须盛放在密闭塑料袋内或陶器内，存放于冷暗干燥处，否则漂白粉潮解，其有效氯含量大大下降，会影响清塘效果。目前，市场上已有用漂粉精、三氯异氰尿酸等药物来代替漂白粉的趋势。漂粉精清塘的使用浓度为10mg/L。三氯异氰尿酸作为清塘药物其使用浓度为7mg/L。

③要根据具体情况灵活掌握。泼洒药物时人一定要站在上风处朝下风向泼，凡最高水位线以下的池堤均要泼洒到。用药物清

塘，除漂白粉清塘后需经5～6天，其他需经10天后方可放养苗种。

第三节 敌害的清除和塘水的培育

一、池塘敌害的清除

1. 敌害生物的识别

池塘养殖鱼类的敌害有藻类、腔肠动物、软体动物、甲壳动物、昆虫、鱼类、两栖类、爬行类、鸟类、哺乳类等，此类养殖鱼类的敌害直接吞食或间接危害鱼类，对水产养殖造成很大损害。敌害的危害性和防治方法如下。

(1)藻类。

a. 青泥苔。青泥苔是江浙渔农对池塘中常见的丝状绿藻的总称，它包括星藻科中的水绵、双星藻和转板藻三属的一些种类。在春季随着水温的逐渐上升，青泥苔在池塘浅水部分开始萌发，长成一缕缕绿色的细丝，直立在水中。衰老时丝体断离池底，浮在水面，形成一团团的乱丝。鱼苗和早期的夏花鱼种，游入青泥苔中，往往被乱丝缠住游不出来而造成死亡。

b. 水网藻。与青泥苔的危害方式基本一样，且比青泥苔更严重。水网藻是一种绿藻，藻体是由很多长圆筒形细胞，相互连接构成网状体，每一“网孔”由5个或6个细胞连接而成，由于集结的藻体像渔网，所以称为水网藻。

(2)腔肠动物。水螅用触手捕捉鱼苗，使鱼苗致死。水螅是生活在淡水中的一种腔肠动物，身体上生有许多刺细胞，特别是触手和口的周围较多，这种刺细胞受刺激时，可以突然射出刺丝并排出毒液，是水螅攻击和防御的武器。

(3)软体动物。软体动物包括蚌和螺两大类，这两类的软体动物不捕食鱼苗，原是青鱼和鲤鱼等的天然饵料，在湖泊水库中软体动物出产的数量是直接决定底层鱼鱼种放养数量与种类的一种依据；但在池塘中如大量繁殖，因为螺、蚌是鱼苗、鱼种的天然饵料、商品饵料的竞争者，所以对鱼苗、鱼种的饲养会产生一定的危害。同时，螺类、蚌类是复殖吸虫的中间宿主，也是鱼和人类某些蠕虫病的来源。

(4)甲壳动物。

a. 蚌虾。蚌虾消耗水中溶氧和养料，影响鱼苗生长，对幼鱼，特别是对 10 天以内的鱼苗，危害很大，往往引起大量死亡。它对鱼苗的危害主要体现在三方面：在池水中大量出现时，翻滚池水，鱼苗遭受严重骚扰，无法正常生活；消耗水中溶氧，引起泛池现象；掠夺水中的养料，使鱼苗营养不足，生长缓慢。

b. 桡足类。桡足类残害鱼卵和孵化后 4～5 天内的鱼苗。桡足类也是浮游动物中的主要组成部分，是鱼苗和一些成鱼的良好食料。鱼苗长至 5 天以上，桡足类对鱼苗就没有危害作用了，鱼苗反而可把它作为食料。

(5)昆虫。

a. 水蜈蚣。水蜈蚣捕食鱼苗。水蜈蚣又名水夹子，是江苏、浙江、湖北等地渔农对龙虱、科龙虱、灰龙虱、缟龙虱等水生昆虫幼虫的统称。龙虱成虫和幼虫都是肉食性的。它白天潜伏池边，捕食鱼苗，夜间常飞入空中，转落他池。灰龙虱又称水蜈蚣，它用大颚夹住鱼苗，吸食其液体，一只水蜈蚣一夜之间可夹死鱼苗 16 尾之多，对鱼苗危害很大。

b. 其他昆虫。其他昆虫有水虿(蜻蜓目昆虫的幼虫)、田鳖、桂花蝉、中华水斧、单项水斧、松藻虫等，它们都捕食鱼苗。

(6)两栖类。蛙类属无尾目，蛙科。在常见的蛙类中，有些种类的成体和蝌蚪，都对鱼苗有一定危害。池塘中出现大量的蝌蚪，消耗水中的溶氧，争夺鱼苗的天然食料和商品饵料，并且会扰乱鱼苗的取食，其中虎纹蛙的蝌蚪还吞食鱼卵和鱼苗。各种蝌蚪的体表往往大量寄生着许多种与寄生在饲养鱼类体表同种类的车轮虫，它们可以相互感染。这些感染车轮虫的蝌蚪，可随水流把病原带到别的池塘，增加了车轮虫病的蔓延机会。

(7)爬行类。

a. 中华鳖。中华鳖又称甲鱼、团鱼，属爬行纲鳖科。鳖生活于湖泊、水库、江河、塘堰和池塘中，在水中游动活泼，喜出水晒太阳，出水后爬行迅速。通常以小鱼、虾、螺蛳等为食料，在池塘中常发现有鳖捕食鱼苗和早期的夏花鱼种，但在池塘中的鳖数量一般不多，故危害不大。

b. 水蛇。水蛇又称泥蛇，属有鳞目，游蛇科。体长，雌蛇可达70cm，雄蛇可达52cm。体背呈橄榄色或灰褐色，有黑色小斑点；腹面黄色或橙色，有黑斑。它平时多栖息于平原，但大部分时间是在水中生活，在湖泊、水库、江河、塘堰、水沟等水体及其附近都可找到。它主要捕食鱼类、两栖类动物。在养鱼地区，特别是我国南部养鱼区，常有水蛇出现于池塘中，幼鱼常受其侵害。

(8)鸟类。鸟类由于食性不同，其中有部分种类适应于水滨生活，不但猎取鱼类为食，而且有些鸟类还是某些鱼类寄生虫的终宿主，可传播病原体，造成疾病的流行。鸬鹚、苍鹭、池鹭、鹗、红嘴鸥、翠鸟是比较常见和对鱼类危害较大的鸟类。

2. 野杂鱼类的识别

由于鱼类的食性不同，在养殖水体中往往出现肉食性的凶猛鱼类捕食其他鱼类。因此，对养殖水体中各种饲养鱼类的鱼苗和幼鱼危害很大。常见的有以下种类。

(1)鳡鱼。鳡鱼又名黄鳟、竿鱼，属鲤科，体细长，稍侧扁，头尖，呈锥形，口位于头的尖端，上颌有坚硬的棱，下颌中间有坚硬的钩状突起，背鳍无硬棘，起点稍后于腹鳍，6～7月间产卵，卵白色。性凶猛，生活于水中上层，以捕食其他鱼类为生，常能吞食比其本身大的鱼类。14mm长的鳡鱼苗就能捕食其他鱼类的鱼苗。

(2)尖头鳡。尖头鳡属鲤科，体形杆状，似鳡鱼，但头的前半部细长，稍成管状，吻端扁平似鸭嘴，背鳍在身体的后半部，生活于水的中下层，性凶猛，游动迅速，善于捕食其他鱼类，以细长管状头的前部伸至草丛或乱石的隙间取食，但主要是捕食鱼类，特别是下层鱼类，如鲤、鲫等。尖头鳃每年 4～5 月间产卵，孵化后的仔鱼，卵黄囊吸收后即以鱼苗及枝角类为食。尖头鳃的鱼苗吞食其他鱼类的鱼苗比鳃鱼苗更厉害。

(3)鳜鱼。鳜鱼又名桂鱼或季花鱼，属脂科，体侧扁，较高，口大，下颌向前突出，鳞细小，体侧具有许多不规则的斑块和斑点，生活于水草或石块较多的水中，每年 5～8 月间产卵，性凶猛，主要捕食小鱼和虾。它在鱼苗时期即可捕食其他鱼苗，是鱼苗和小鱼的敌害。

(4)乌鳢。乌鳢又名乌鱼、黑鱼、财鱼，属鳢科。体细长，前部圆筒状，后部侧扁，头尖而扁平，背鳍和臀鳍都很长，有腹鳍，背鳍前方稍隆起，背部灰绿色，腹部白色，体侧有明显的黑色条纹，栖息于水草茂盛以及水容易浑浊的泥底水体中，常潜伏在浅水水草较多的水底，猛袭游近的鱼类、小虾、蝌蚪和昆虫等小动物。体重 1kg 的乌鱼能吞食 100～150g 的草鱼、鲫、鲤等，是池塘养鱼的大害。3～8 月为其产卵期，每年共产卵 3 次，亲鱼集水草为巢，在巢的中央空隙部分产卵。

(5)鲶鱼。鲶鱼又名鲇鱼、胡子鲢，属鲤形目，鲶科，体长，头部平扁，尾部侧扁，口宽大，头部有 2 对触须，背鳍短小，臀鳍长，与尾鳍相连，生活在水的中下层，性不活泼，白天多栖息于水草丛生的底层，喜在夜间觅食，捕食小型鱼类、虾和水生昆虫。

(6)黄颡鱼。黄颡鱼属鲤形目，身体腹部平直，体后半部侧扁，头大，扁平，口大，下位，头部具触须 4 对，背鳍和胸鳍各具一硬棘，在背鳍后方有一个脂鳍，体色青黄，并杂有黑色块斑，为底栖鱼类，喜生活在具有腐败物和淤泥的静水或缓流浅滩处。白天栖息于水底层，夜间浮至水面觅食，以水生昆虫、小虾等为主要食料，也吃螺蛳和捕食小鱼，是鱼苗的敌害。

3. 池塘敌害的清除方法

(1)藻类防治方法。用生石灰清塘，可以杀灭青泥苔；未放养鱼类的池塘，可按每亩 50kg 草木灰撒在青泥苔上，使它得不到阳光而死亡；如已放养鱼苗的池塘出现青泥苔，用 0.7mg/L

的硫酸铜遍洒全池，可有效地杀灭青泥苔。

(2)腔肠动物防治方法。如水塘中发现有大量水螅，应将池中水草、树枝、石头等杂物清除，使水螅没有栖息的场所，这种措施虽然达不到全部清除的目的，但可大大降低其数量，把危害程度降低到最小；用 0.7mg/L 的硫酸铜遍洒全池也可杀灭水螅。

(3)软体动物防治方法。池塘要彻底清塘消毒，消灭水体中的椎实螺和其他螺类和蚌类；施用牛粪等肥料，事先要经过充分发酵，使各种寄生虫卵在粪肥发酵过程中被高温杀死后才施用于池塘；在血吸虫病流行区，下水捕鱼、割水草等，应采取有效的防护措施，预防尾蚴感染；进行经常性的池塘饲养管理工作的人员，下水工作时，应穿橡皮下水衣或者在皮肤上涂抹如“防蚴剂一号”“皮避敌”“防蚴宁”等防护药品，防止吸虫尾蚴侵染。

(4)甲壳动物。

a. 蚌虾防治方法。用 0.15mg/L 晶体敌百虫遍洒全池，3 天后能取得良好的效果。

b. 桡足类防治方法。作为“发塘”的池塘，一定要用生石灰清塘。待鱼苗孵化 5 天后才入池“发塘”。进入孵化环道或孵化桶的用水，要严格通过过滤设备，可用沙石作过滤墙，或用 60～70 目的铜纱网、尼龙纱网等过滤，不让这些桡足类随水流进孵化器。

(5)昆虫。

a. 水蜈蚣防治方法。鱼苗放养前，可用生石灰干法清塘，杀死水蜈蚣。注入新水时，将过滤设施装在入水口，防止龙虱和水蜈蚣随水进入鱼池。

b. 其他昆虫的防治方法。用石灰清塘，一般能杀死水生昆虫。用晶体(含 90%)敌百虫 0.3～0.5mg/L 全池遍洒，能有效地杀灭水虿，对松藻虫也有一定的杀灭效果。但有许多昆虫都会飞翔，清塘以后要防止昆虫进入鱼池有一定困难。广东和浙江地区的渔农在拉网锻炼鱼苗时，将鱼苗密集在罟池中，加入少许煤油，使水生昆虫触到煤油而死亡，这种驱虫方法效果很好。

(6)野杂鱼类防治方法。池塘放养前采用常用的清塘药物彻底清塘；在鱼种饲养阶段，可结合拉网锻炼鱼苗时清除野杂鱼；江苏、浙江等地区运用油丝网、围网、鳃鱼网、乌大网等渔具以清除害鱼。

(7)两栖类防治方法。在放养鱼苗之前，用生石灰彻底清塘，能有效地杀灭蛙卵或蝌蚪；每亩用12.5kg茶粕清塘，也有较好的效果；在蛙类繁殖季节，注意防止青蛙跳入池中产卵，应及时用网将池中蛙卵捞掉；已经放养鱼苗的池塘，可借拉网锻炼鱼苗时，将蝌蚪清除出池。

(8)爬行类水蛇防治方法。用叉形捕蛇器进行捕杀；采用麻线织成长1cm、宽0.5m，网目为五分的网，上系浮子，下系沉子，于傍晚将网帘成"之"字形布在鱼池里，当水蛇游动或追逐鱼苗时，被网目卡住，清晨将网帘捞起，可清除部分或大部分水蛇。利用延绳钓钩，在每一钓钩上系杂鱼为诱饵，分设于池塘四周，水蛇吃了诱饵，被钩钩住，也可消灭一部分。

(9)鸟类防治方法。对各种害鸟，一般在池塘周围用网进行防护，防止鸟类来袭或装置诱捕器捕捉。

除采用上述方法外，在鱼苗、鱼种放养前，要用生石灰等药物清塘消毒。

二、塘水的培育

1. 培育塘水的方法

所谓培育塘水，就是向池塘施用肥料，培育池塘水质，通过施肥增加各种营养物质，保证池塘水体最大限度的生产力，增加鱼产量是池塘施肥的目的。

池塘作为一个生态系统，时刻进行着复杂的物质循环过程。池塘物质循环的速度，决定了池塘的生产力。养殖鱼类是池塘食物链的最终环节。鱼产品为人类所利用，人们从池塘中捕捞出鱼类，池塘中的有机物则相应地减少。如不向池塘中补充循环物质，则池塘水体的物质循环和能量流动就会失调，其生产力就会下降。池塘施肥的作用，就在于不断补充池塘在物质循环过程中由于捕获鱼产品所造成的损失，保持和促进池塘物质循环能力，即保持和促进基础生产力，以获得较高的鱼产量。池塘施肥对提高池塘鱼产量有明显的效果。据测算，采用有机肥料和无机肥料施肥的池塘，鱼产量每天每亩可以提高1～2kg，其效果与使用颗粒饲料（粗蛋白含量25%，配方中鱼粉占10%）养鱼的效果不相上下。

池塘施用肥料可分为以下几种。

(1)有机肥料（表3-4）。有机肥料是指含有大量有机物的肥料。池塘施用的有机肥料主要包括绿肥、粪肥、混合堆肥等。有机肥料肥效全面，作用持久，但肥效较迟且耗氧多，也易污染水质。有机肥料是池塘施肥至今为止使用的主要肥料。

表3-4　有机肥料

名称	来源	加工方法	作用
绿肥	天然生长的各种野生（无毒）青草、水草、树叶、嫩枝芽或各种人工栽培的植物	经简易加工或不经加工，作为肥料	在水中易腐烂分解，肥效高，维持肥效时间长，容易控制，是培养鱼苗的优良肥料
粪肥	人粪尿和各种家禽、家畜粪尿等	施用时须经过发酵或加1%～2%石灰消毒，消灭各种病菌和寄生虫，以防疾病传染	对繁殖浮游植物有利
混合堆肥	绿肥、粪肥	把绿肥、粪肥按不同的比例堆沤而成	能使配料成分更适合浮游生物繁殖的需要

(2)无机肥料。无机肥料俗称化学肥料。无机肥料具有肥分含量高，一般肥效较迅速，肥劲较短，可以直接为水生植物吸收利用，分解不消耗氧气等特点，所以无机肥料也称为“速效肥料”。池塘施用的无机肥料根据其所含成分的不同，可分为氮

肥、磷肥、钾肥和钙肥等(表 3-5)。

表 3-5 无机肥料

种类	成分	作用	存在状态
氮肥	是蛋白质的主要成分，也是叶绿素、维生素、生物碱以及核酸和酶的重要成分	促进植物叶绿素的形成、增强光合作用	无机氮肥主要有硫酸铵、氯化铵、碳酸氢铵、氨水等铵态氮肥；硝酸铵、硝酸铵钙等硝态氮肥；以及尿素等酰胺态氮肥
磷肥	是核酸和核苷酸的组成成分，是原生质及细胞核的重要成分	能加强水中固氮细菌和硝化细菌的繁殖	无机磷肥主要有过磷酸钙和重过磷酸钙，此外还有汤马斯磷肥、磷矿粉和骨粉等
钾肥		调节细胞原生质胶体状态和提高光合作用强度的功能，能促进酶的活性和细胞的繁殖	用的钾肥有硫酸钾、氯化钾及草木灰等
钙肥	在细胞中以离子状态存在	对改良池塘环境和土壤的理化状况，促进有机物质矿化分解，预防鱼病的发生起着重要作用	生石灰

2. 培育塘水的基本操作

(1)肥料的施用方法。全年池塘施肥量的估算。合理的使用肥料，调节池塘水质的肥度，使池塘中有丰富的天然饵料，保持池水“肥”“活”“爽”，是池塘养鱼高产稳产的重要措施之一。施肥应根据池塘条件、饲养条件、放养模式、产量指标和技术水平等来制订全年池塘的施肥量。

目前，在大部分地区池塘养鱼生产中，以配合饲料为主，施肥为辅。以亩产 500kg 的鱼池为例，一般需投喂配合饲料 1 000～2 000kg 和青饲料 2 000kg 左右，同时需施用有机肥料 1 500～2 000kg。再根据池塘的具体条件，在鱼类生长旺季的 6～9月份，适量地施用无机磷肥和钙肥，调节水质的肥度。全年按月施肥的分配比例见表 3－6。

表 3－6　按月施肥的分配比例

月份	1～3	4	5	6	7	8	9	10	11
比例(％)	30	20	18	7	5	5	7	6	2

当前，我国单一使用无机肥料养鱼的经验甚少，所以估算其全年的施用量尚有困难。一般在养鱼生产的过程中，依池塘水质状况，采用无机肥料作为追肥的效果最佳。

(2)有机肥料的施用方法。有机肥料既可作为基肥，也可作为追肥。但有机肥料一般肥效较迟，下塘后需经微生物分解、转化为简单有机物和无机盐才能发生肥效，故在施用上需考虑发生肥效的时间。一般来说，有机肥料施用 4～5 天后即有明显肥效；新鲜绿肥下池堆沤，肥效稍迟 2～4 天。据测定，施用粪肥在适宜的水环境下，可使对鲢鱼易消化的浮游植物在 4～5 天内达到繁殖高峰，鲢鱼不易消化的藻类一般 7 天左右达到高峰。因此，无论池塘将有机肥料用于基肥或追肥，都需提前施用。例如，在鱼苗池中作为基肥，根据当时的水温，粪肥宜在鱼苗下塘前4～6天施用，绿肥则需在下塘前 8～12 天施用。过早施用，肥效过早消失，饵料生物高峰期已过；过迟施用，则未发生肥效，饵料生物未能培育出来。追肥也要适时，否则会造成池水肥度脱节。

有机肥料下池后，由于经腐生性微生物的分解矿化，消耗水中大量溶氧。故有机肥料最宜先经发酵腐熟处理，然后下池。

施用有机肥料，必须严格控制施肥量，尤其在夏秋高温季节更要严格掌握每次的施肥量。绿肥、粪肥一般只作为基肥，每亩施肥300～500kg；作为追肥每亩施肥50～100kg。施用有机肥料的原则是"勤施、少施"，同时根据天气、水质、鱼的活动情况灵活掌握。

对于新开挖的池塘、水质清瘦或池底淤泥少的池塘，宜多用有机肥料，尤其是绿肥和粪肥，且施用量可适当大一些。一般池塘往往仅在冬春季将有机肥料作为基肥，而在鱼类主要生长季节，由于大量投饵，水中有机物含量已较高，为防止池水缺氧，故往往只施无机肥料，而不施耗氧量大的有机肥料。

粪肥施用时通常采用全池泼洒或部分池面泼洒的方法。特别是鱼苗、鱼种培育池，新鲜牛粪加水搅拌成牛粪液全池泼洒培育家鱼鱼苗、鱼种，效果良好。

施用绿肥时，通常将新鲜绿肥，每20～30kg一扎，并排于池边水中堆沤。绿肥应全部浸没于水中，其上再加塘泥压面，不使绿肥露出水面。为了易于沤腐和不损失肥效，应防止绿肥晒干。同时，每次施绿肥需更换堆放位置。

（3）无机肥料的施用方法。我国应用无机肥料养鱼的历史不长，通过不断生产实践的总结认为，应用无机肥料养鱼，应根据池塘土壤、水质的特点和肥料的理化性质，相互配合使用。一般氮肥、磷肥、钾肥的施放比例为2∶2∶1。

在鱼类主要生长季节，施用磷肥对增加水中磷含量，调整氮磷比，促进浮游植物生长，提高池塘生产力起着重要作用。在6～9月，鱼类生长旺盛，投饲量大，鱼的排泄量多，池水pH值往往偏低，每月向池塘施放生石灰1～2次，每次每亩40～50kg，使pH值调节到8左右，对防治鱼病、稳定水质有着良好作用。

池塘施用无机氮肥要掌握适宜，研究认为，水中有效氮的浓度应保持在0.3mg/L以上时，对繁殖藻类较有利。因此，可参照这个标准来确定氮肥的施用量。施肥的方法采用少量多次的原则，有利于较稳定地供应营养物质和促进浮游植物的繁殖。在实践中，目前主要根据池水的透明度和水色来掌握。一般维持透明度在30cm左右，水色较浓，呈黄绿色或褐绿色，此时施肥量较恰当。如能进一步检查浮游生物的种类和数量则更好。施用铵态氮肥时，应避免与石灰、草木灰等碱性肥料混合在一起，否则铵就会变成氨而挥发损失。硝态氮肥吸湿性较大，在储存时要注意防潮，又因硝态氮肥有助燃作用，在运输和储存时，要防止起火爆炸。

（4）有机肥料和无机肥料配合施用方法。有机肥料和无机肥料同时使用或交替使用，可以充分发挥两类肥料的优点，又相互弥补了缺点，因而得到更好的施肥效果，并节约了肥料的消耗量，施有机肥料容易造成池塘缺氧，如同时适量使用无机肥料，能使浮游植物较快的大量繁殖，使光合作用增强，产生大量氧气，大大改善池塘溶氧状况，充分发挥两种肥料的优点。所以，在实行有机肥料和无机肥料配合施用时，一般先施用有机肥料作基肥，奠定池塘肥力的基础，再按池塘水质肥度的具体情况，实行有机肥料和无机肥料配合（包括肥料的种类和数量的配合）施用，适时的掌握施肥的时间，充分发挥肥效，促进池塘水质保持“肥”“活”“爽”。

第四章　养殖鱼类的人工繁殖技术

各种鱼类在自然条件下，到了一定季节，只要具备一定的自然条件都可自行繁殖。但是，原来生活在野生环境中的鱼类移养于人工池塘后，或者由于修建水利设施，阻断了鱼类的自然繁殖洄游路线，使其生活环境发生很大的改变，导致亲鱼的性腺不能自然发育到生理成熟（第Ⅴ期）并产卵。此时，通过人为创造适宜的生态条件，使亲鱼达到性成熟，并通过生态、生理的方法，使其产卵、孵化而获得鱼苗的一系列过程，即是人工繁殖。人工繁殖既可保护鱼类天然资源，又可提高鱼类的繁殖效率。

第一节　养殖鱼类亲鱼的培育技术

亲鱼是指已达到性成熟并能用于人工繁殖的种鱼。通过良好的饲养管理条件，可以促进亲鱼的性腺发育。培育出成熟率高的优质亲鱼，是家鱼人工繁殖非常重要的一个环节，直接影响到人工繁殖的效果。

一、亲鱼的来源及选择

1. 亲鱼的来源

亲鱼可直接从江河、湖泊、水库、池塘等水体中选留性成熟或接近性成熟的个体，也可以从鱼苗开始专池培育并不断选择优秀个体。为了防止近亲繁殖带来的不良影响，最好在不同来源的群体中对雌雄亲鱼分别进行选留，同时注意选用性成熟个体时年龄不能太大。此外从养殖水体或天然水域捕捞商品鱼时选留的亲鱼，需在亲鱼培育池中专池培育一段时间，至第 2 年再催产效果较好。

2. 亲鱼的选择

鱼类都有一定的生物学特性，应根据其特性挑选。如“四大家鱼”的亲鱼优良种质应符合国家标准，即挑选遗传性状稳定、体形好、体色正常、生长快的个体，避免使用人工繁殖后代。在选择鲤、鲫亲鱼时要特别注意避免选用杂交种作为原种亲鱼。

无论什么品种的亲鱼，使用的有效时间是有限的，一般达性成熟后，大型鱼类（“四大家鱼”）可连续使用 6～8 年，而中、小型鱼类为 4～6 年。

3. 亲鱼雌雄鉴别

在亲鱼培育或人工催产时，必须掌握恰当的雌雄比例，因此要掌握雌雄亲鱼鉴别的方法。草鱼、青鱼、鲢鱼、鳙鱼、鲮鱼等常见鱼类雌雄亲鱼鉴别方法见表 4－1。

表 4－1　草鱼、青鱼、鲢鱼、鳙鱼、鲮鱼雌雄特征比较

种类	雄鱼特征	雌鱼特征
鲢鱼	1. 胸鳍前面几根鳍条的内侧，特别在第一鳍条上明显地生有一排骨质的细小栉齿，用手顺鳍条抚摸，有粗糙刺手感觉。这些栉齿生成后，不会消失； 2. 腹部较小，性成熟时轻压腹部有乳白色精液从生殖孔流出	1. 胸鳍光滑，但个别鱼的胸鳍中下部内侧有些栉齿； 2. 性成熟时，腹部大而柔软，泄殖孔常稍突出，有时微带红润
鳙鱼	1. 胸鳍前几根鳍条上缘各生有向后倾斜的锋口，用手向前抚摸有割手感觉； 2. 腹部较小，性成熟时轻压腹部有乳白色精液从生殖孔流出	1. 胸鳍光滑，无割手感觉； 2. 性成熟时，腹部膨大柔软，泄殖孔常稍突出，有时稍带红润

（续表）

种类	雄鱼特征	雌鱼特征
草鱼	1. 胸鳍鳍条较粗厚，特别是第Ⅰ～Ⅱ鳍条较长，自然张开呈尖刀形； 2. 胸鳍较长，贴近鱼体时，可覆盖7个以上的大鳞片； 3. 在生殖季节性腺发育良好时，胸鳍内侧及鳃盖上出现追星，用手抚摸有粗糙感觉； 4. 性成熟时轻压精巢部位有精液从生殖孔流出	1. 胸鳍鳍条较薄，其中第Ⅰ～Ⅳ鳍条较长，自然张开略呈扇形； 2. 胸鳍较短，贴近鱼体时可覆盖6个大鳞片； 3. 一般无追星，或在胸鳍上有少量追星； 4. 性成熟时，胸鳍比雄体膨大而柔软，但比鲢鱼、鳙鱼的雌、雄鱼胸鳍稍小
青鱼	基本同草鱼。在生殖季节性腺发育良好时除胸鳍内侧及鳃盖上出现追星外，头部也明显出现追星	胸鳍光滑无追星
鲮鱼	在胸鳍的第Ⅰ～Ⅱ根鳍条上有圆形白色追星，以第Ⅰ根鳍条上分布最多，用手抚摸有粗糙感觉，头部也有追星，肉眼可见	胸鳍光滑无追星

4. 性成熟年龄和体重

我国南北地区家鱼成熟年龄差异较大，南方成熟较早，个体较小；北方成熟较迟，个体较大；雄鱼较雌鱼早熟一年。通常把洗净的鳞片放在解剖镜下或肉眼进行观察，鉴别亲鱼的年龄。一般以鳞片上的每一疏、密环纹为一龄，或在鳞片的侧区观察两龄环纹切割线的数量，即一条切割线为一龄。以上两种观察方法相结合，确定其年龄大小。

达到性成熟年龄的亲鱼，具有一定的体重。亲鱼性成熟的体重往往与养殖条件、放养密度有一定关系，即养殖条件好，密度较小，体重较大；反之偏小。此外，一般同年龄的雌鱼体重比雄鱼体重大。因此,亲鱼的挑选应将年龄和体重两项参数结合起来进行(表4-2)。

表4-2 池养家鱼性成熟的年龄和体重

种类	华南(广东、广西)		华东、华中(江、浙、两湖)		东北(黑龙江)	
	年龄(年)	体重(kg)	年龄(年)	体重(kg)	年龄(年)	体重(kg)
鲢鱼	2～3	2左右	3～4	3左右	5～6	5左右
鳙鱼	3～4	5左右	4～5	7左右	6～7	10左右
草鱼	4～5	4左右	4～5	5左右	6～7	6左右
青鱼	—	—	7	15左右	—	—
鲮鱼	3	1左右	—	—	—	—

我国珠江流域、黑龙江流域与长江流域相比,"四大家鱼"的性成熟年龄分别早熟和迟熟1～2年,体重相应降低和增加;鲤、鲫、团头鲂性成熟年龄和体重都分别相应偏早、偏小和偏迟、偏大。

选留亲鱼的雌雄搭配比例一般应在1∶(1～1.5),即雄鱼略多于雌鱼。

二、亲鱼培育池的条件

亲鱼培育池要求水源条件好,注、排水方便,水质清新,无工业污染;阳光充足,距产卵池、孵化场较近;鱼池面积一般0.2～0.3hm^2,水深1.5～2.0m;长方形为好,池底平坦。草、青鱼亲鱼池以沙壤土为好;鲢、鳙的池底以壤土稍带一些淤泥为好;鲮亲鱼池以沙壤土稍有淤泥为好。

亲鱼培育池一般每年清整、消毒1次,主要是清除过多的淤泥,平整加固池坎,清除野杂鱼,杀灭病原体等。

三、亲鱼放养的密度

亲鱼放养的密度不宜过大,以重量计算,一般1 500～1 800 kg/hm^2。一般主养一种亲鱼,适当搭配少量其他亲鱼(表

4-3)，以充分利用池塘的饵料生物。

表 4-3　“四大家鱼”亲鱼的放养密度

亲鱼种类	每亩放养数(尾)	总重(kg)	每亩搭养其他鱼类数(尾)
青鱼	10～15	200～250	鲢亲鱼 8～10 或鳙亲鱼 4～5
草鱼	15～20	125 左右	鲢亲鱼 5～10、鳙亲鱼 1～2(池内螺蛳多时，搭养青鱼 2～3)
鲢鱼	15～25	60～100	鳙亲鱼 2～3(池内水草多时，草亲鱼2～3 或后备草鱼 10～15)
鳙鱼	10～15	75～125	鲢亲鱼 1～2(池内水草多时，草亲鱼2～3 或后备亲鱼 10～15，或不搭养)

四、主要养殖鱼类亲鱼的培育方法

1. 草鱼亲鱼的培育

草鱼亲鱼培育关键是饲料投喂技术及定期冲水保持水质清新。以草鱼为主，每公顷池塘放养规格为 7～10kg 的草鱼亲鱼 15～18 尾(雌、雄比为 1∶1 或 1∶1.25)。其中，混养鲢或鳙亲鱼 45～60 尾，凶猛鱼类 30 尾左右，青鱼 30 尾左右。饲养管理分产后培育(夏季)、秋季培育、冬季培育和春季培育四个阶段。

亲鱼产后体质明显下降，在催产过程中或多或少有一些外伤。所以，饲养管理重点是要保持清洁良好的水质，并经常加注新水，防止感染鱼病。刚催产完的亲鱼可投喂少量嫩绿可口的青饲料和营养丰富的精饲料，以后根据亲鱼摄食情况逐渐增加投饵量，并适当增加精饲料的投喂量。经过 1 个多月的培育，产后亲鱼体质得到基本恢复。

进入盛夏，水温不断上升，鱼体新陈代谢加决，摄食量大增，应尽可能满足其对青饲料的需求。每天投喂青饲料量约为亲鱼体重的 30%～40%。具体投喂量，需参考天气情况和鱼的吃食状态适当增减。在高温条件下，池水容易缺氧，天气剧变又容易泛塘，故夏季应经常给池水增氧，每半个月加入新水1次，保持最高水位。天气晴好时，每天中午、下午开增氧机2h左右，同时利用和发挥生物增氧功能，防止泛塘。

进入秋季(9～10月)，青饲料锐减，应补充精料，主要任务是让亲鱼育肥和冬季保膘。前期投喂以青饲料为主，配以少量精饲料。日投喂量：青饲料占亲鱼体重的30%～50%；精饲料占亲鱼体重的2%～3%，促进鱼体脂肪积累，准备越冬。

冬季(11月至翌年2月)水温低，草源枯竭，亲鱼吃食、活动微弱，则以投喂精饲料为主。一般在晴朗天气，不定期在向阳避风深水区投喂占亲鱼总体重1%左右的精料，投喂量逐渐减少。我国北方深冬水温较低可不投喂，但冰面上要适当打冰眼，下雪时及时扫雪，防止缺氧死鱼，防止渗漏缺水。

进入春季，应加大换水量，经常冲注新水，水位降低到1m左右，以保持较高水温。水温回升后，亲鱼摄食日渐旺盛，性腺处在大生长发育时期，应投足食物，力争早投喂、早开食、早生长。早春可利用数量有限的黑麦草和一定量的精料，如果青料较多，尽可能保证黑麦草和菜叶供应，不投精料；即使投喂精料，也应将大麦或小麦发芽后再喂养，以利性腺发育。3月份可投喂少量豆饼、麦芽、谷芽，投喂量约为亲鱼体重的1%～2%，并逐渐转为以青饲料为主，精饲料为辅。青饲料的日投喂量为亲鱼体重的40%～60%，喂一些莴苣叶之类的青饲料对性腺发育有利；精饲料日投喂量约为亲鱼体重的2%～3%。产前一个半月左右，过渡到全部投喂青饲料，以防止积累过多脂肪，影响催产效果。

在整个草鱼亲鱼培育过程中，要注意经常冲水，保持池水清新是促使草鱼亲鱼性腺发育的重要技术措施之一。冲水的数量和频率应根据季节、水质肥瘦和摄食情况合理掌握。一般冬季每周一次；天气转暖后，逐渐过渡到3～5天一次；到临产前15天，最好隔天冲一次，催产前几天可每天冲一次水，每次冲水3～

5h，可以促使亲鱼性腺发育成熟。

2. 青鱼亲鱼的培育

青鱼亲鱼一般搭养在其他亲鱼池中，青鱼的投喂以螺、蚬、蚌肉为主，辅以饼类、蚕蛹或高质量的配合饲料都能培育成功。以青鱼亲鱼为主养的放养方式与主养草鱼的放养密度和搭配种类基本相似，每公顷放养 20kg 以上的青鱼亲鱼 8～10 尾，饲养管理的方法也基本相同。青鱼亲鱼以投喂螺蛳为主，每年每尾平均需要螺蛳约 250kg。投喂量以当天吃完为度，不宜多喂，吃剩的饲料要捞出，防止水质败坏。一般将青鱼亲鱼作为搭配品种混养在其他鱼种的亲鱼池中。由于青鱼性腺成熟较晚，在其他亲鱼催产过程中，陆续将青鱼集中于一池，待催产季节后期再进行催产繁殖。培育期间要经常冲水，以保持水质良好，促使性腺发育，产前一个月可每天冲水 2～3h。

3. 鲢、鳙亲鱼的培育

鲢、鳙亲鱼的培育一般多采取混养方式。以鲢为主的放养方式可搭养少量的鳙或草鱼；以鳙为主的可搭养草鱼，因鲢鱼抢食凶猛，一般不搭养鲢鱼。但鲢或鳙的亲鱼培育池均可混养不同种类的后备亲鱼。控制放养密度的原则是既能充分利用水体，又能使亲鱼生长良好，性腺充分发育。一般每公顷放养重量以 150～200kg 为宜。

主养鲢亲鱼为主，每公顷水面可放养规格为 10～15kg 的亲鱼 16～20 尾，另搭养规格为 10kg 左右的鳙亲鱼 2～4 尾，草亲鱼 2～4 尾。主养鳙亲鱼为主，每公顷水面可放养规格为 10～15kg 的亲鱼 10～20 尾，另搭养规格为 10kg 左右的草亲鱼 2～4 尾。主养鱼放养的雌、雄比例为 1∶1 或 1∶1.25。

鲢鱼主要吃浮游植物，人粪尿的合理施放能有效地促进浮游植物的生长繁殖；而鳙鱼主食浮游动物，施肥应以牛粪为主。在亲鱼下池前可根据底泥多少、水质肥瘦及肥料浓淡等情况施 4 500～7 500kg/hm^2 的底肥，当浮游生物大量生长后放入亲鱼。以后根据水质情况每月追施肥4～6次，总量为6 000～9 000kg/hm²。池水透明度保持在25cm左右。

产后的一个月到一个半月左右，由于亲鱼体质较弱，易感染疾病，耐氧能力降低，再加上水温较高，容易浮头死亡，因此要多加注新水，以保持水质清新，并且每天注意观察天气和池水水色的变化情况，施肥应量少次多，适量增投粉状精料并以干撒或调湿后投于池坡水下，以利亲鱼均衡摄食。投饵量为亲鱼总体重的3%左右。

夏季高温，施肥以量少、次多为原则。每次施牛粪、猪粪或绿肥1 500kg/hm² 左右，或尿素30kg左右（碳酸氢铵加倍）、过磷酸钙（或钙镁磷肥）60kg左右。水温25℃，粪肥有效期7～10天，化肥5～7天，维持水质茶褐色或绿褐色，透明度35cm左右。

高温季节不能一次性施肥过量，以免泛塘和引发鱼病。为了保持良好的水质，采取有机肥与化肥交替使用，并根据水质变化每月加注新水1～2次。

秋季水温下降，出现昼夜温差，水体上、下层自然交换较好，鲢、鳙亲鱼吃食量大，生长好，可以适当增加施肥和投饵量。秋冬季节是亲鱼育肥和性腺发育积累物质的关键时期。入冬前注意让亲鱼吃好吃饱，尽可能育肥，因此要加强施肥，使水质较浓；在秋末施基肥（粪肥3 000kg/hm²）培育水质。

入冬后水位可加深些，以保持水温，少量施肥以保持水的肥度；天气晴暖时还可按鱼体重1%～2%的量适当投喂精饲料，以保持亲鱼体质。我国北方冬天还需打冰眼、扫雪，以防缺氧。

春季的重点是保持良好水质环境，每月冲水2次，为了保持水质中等肥度，可用水泵使池水循环。早春水温偏低，藻类生长缓慢，不应盲目增施肥料，应适当投喂精料，以补充天然饵料不足；一旦水质变肥，随着水温不断上升，要防止亲鱼浮头和泛塘。催产前15～20天可经常冲注新水，同时降低施肥量。

4. 鲤鱼亲鱼的培育

鲤鱼属于杂食性，一般以人工精料喂养，或专用高质配合饲料喂养，培育可获得成功。以鲤鱼为主的放养方式，与“四大家鱼”亲鱼培育方法相似。放养量为2 250～3 000kg/hm²，可搭配规格为50～100g的白鲢3 750尾左右、鳙450尾左右。

培育过程同样分为产后(包括夏季)、秋季、冬季和春季培育。由于鲤性腺是在Ⅳ期越冬，故培育重点应在夏、秋两季。首先是产后亲鱼恢复体质，随后一直到秋季是肥育。此阶段需积累脂肪和准备越冬，需要大量营养，投饵量为亲鱼体重的3%～4%，并根据天气情况和吃食状态灵活增减。同时注意定期加入新水和增氧，促进性腺发育。

越冬期间，亲鱼池需堆施猪粪7 500kg/hm²，并在天气晴朗时不定期投喂少量精料，以维持体质和性腺成熟转化。

鲤鱼亲鱼的雌雄鉴别方法见表4－4。

表4－4 鲤鱼亲鱼的雌雄鉴别方法

性别	体形	胸、腹鳍	腹部	生殖孔
雌鱼	背高、体宽、头小	光滑(没有或有很少追星)	成熟时膨大松软、外观饱满	较大、略红肿，凸出
雄鱼	体狭长、头较大	生殖季节胸、腹鳍及鳃盖有追星	狭小而略硬、成熟时轻压后腹部有精液流出	较小、略向内凹

长江流域的鲤鱼，一般雌性2龄达到性成熟，雄性1龄以上达到性成熟。一般3～5月为其性腺成熟和产卵时期。雌亲鱼应选择2龄以上、体重1kg以上，雄亲鱼体重为0.5kg左右。亲鱼应体高、背厚，身体健康、强壮，体形好，活动力强而无伤病，来源以池塘饲养的为好。亲鱼培育池面积一般为0.05～0.2hm²，水深1.5m左右，每年要清塘一次。亲鱼的放养量一般为

1 500～2 250kg/hm^2，也可以混养少数鲢、鳙鱼，以控制浮游生物的密度。

在越冬后产卵前雌雄亲鱼必须分开饲养，以免温度突然升高时亲鱼自然繁殖而零星产卵。鲤鱼食量较大，饲养期间应给予足够的食物，同时也可适当施肥使水质肥沃，天然饵料充足。产卵前 10～15 天用优质饲料进行强化培育，以利于性腺的发育。

5. 鳜鱼亲鱼的培育

鳜鱼性成熟以后，雌雄个体较容易区分，尤其在繁殖期间，具体鉴别方法见表 4－5。

表 4－5 鳜鱼亲鱼的雌雄鉴别

部位	雌鱼	雄鱼
下颌	圆弧形、超过上颌不多	尖角形、超过上颌很多
生殖孔	位于肛门与排尿孔中间，呈“一”字形，桃红色	腹部 2 孔，生殖孔在肛门后面
腹部	膨大，柔软，轻压有少许胶状卵液和浅黄色卵粒流出	不膨大，轻压有乳白色精液流出，入水后能自然散开

亲鱼的挑选要在繁殖前 8～9 个月进行（即繁殖前 1 年的秋天）。可以从湖泊、水库中捕捞；也可以从人工饲养鳜鱼的池塘或网箱中挑选。最好不要长期使用同一渔场的雌雄鱼配组繁殖，以免近亲繁殖。挑选亲鱼的注意事项见表 4－6。

表 4－6 蹶鱼亲鱼的挑选

项目	注意事项
体形	翘嘴鳜的躯体呈菱形，选择亲鱼时，要挑选从背部到腹部的垂直距离大的，并且这个距离越大越好

（续表）

项目	注意事项
体色	翘嘴鳜体色是黄绿色，大眼鳜体色是古铜色（黄褐色）。要挑选黄绿色的翘嘴鳜，而不要选古铜色的大眼鳜（即使个体大，也不选）
体质	要求无伤、无残、无病、体表没有寄生虫寄生，而且要尽量挑选身体胖大的
体重	翘嘴鳜生长速度快，当年鱼苗一般年底能长到 0.5kg 左右，个别大的个体能长到 1kg 以上。雌性亲鱼要选 2kg 以上的个体，雄性亲鱼也要选 1.5kg 以上的个体。最好是雌雄亲鱼体重体长相差不大
雌雄比例	雌、雄比例最好在 1∶2，或者 2∶3，最少不能低于 1∶1

越冬结束后，亲鱼要加强投喂，进行强化培育，使它们的性腺发育得更好，成熟得更早。亲鱼培育池面积最好在 1 000～2 000m^2；水深 1.5m；池底淤泥少或没有；临近水源、产卵池或孵化环道；排灌方便，配套增氧机；最好有长流水入池，保持水质清新无污染，溶氧充足；池边有水葫芦、水花生等水生植物生长。

亲鱼入池前半个月要清整池塘，挖出过多淤泥，疏通进、排水口，加固池埂。投放亲鱼前，先放养 150～200g 的健壮鲫鱼 7 500～10 000 尾/hm^2，每天投喂颗粒饲料，使鲫鱼产卵，孵出小鱼后供鳜鱼亲鱼摄食。鲫鱼放入后几天，按 1 000kg/hm^2 左右放入挑选好的鳜鱼亲鱼。

在鳜鱼亲鱼培育期间，日常管理工作主要有投饵、冲水和巡塘等。亲鱼的饵料以小鲤鱼、小鲫鱼等底层鱼最好。在先放养的大鲫鱼孵出鱼苗之前，适当投喂一些小活鱼，当发现池中小鲫鱼增多时，可以停止喂小活鱼。在产卵前，要追加投喂 2 次饵料鱼，每次投喂 1 500kg/hm^2。

培育期间还要坚持每天早、中、晚 3 次巡塘。观察水质情况，保持水质清新，溶氧充足；观察饵料鱼多少和亲鱼摄食情况，及时增减饵料鱼投喂量；如发现有鳜鱼患病或活动异常，要及时采取措施，防病治病；还要观察鱼群活动情况，防止浮头。水温在20℃以上时，夜间也要巡塘1次，如发现浮头，要及时开增氧机，尤其是阴雨天、闷热天，更要多加注意。

鳜鱼亲鱼单独培育成本偏高，生产中常用家鱼亲鱼池套养鳜鱼亲鱼。家鱼亲鱼一般都较大，不会受到鳜鱼亲鱼的伤害。家鱼亲鱼池的载鱼量较低，而且池中有一定数量的野杂鱼，可以供鳜鱼摄食。套养时鳜鱼亲鱼密度为600～750尾/hm^2，并要投放150kg/hm^2的饵料鱼，基本上能够满足鳜鱼摄食。套养期间，要定时冲水，每天1～2次，每次1h左右，冲水时进水和排水量要一致。盛夏炎热季节，时刻防止亲鱼浮头，发现缺氧，立即开增氧机。

6. 鲮鱼亲鱼的培育

以施肥为主，精饲料为辅。主养鲮鱼亲鱼的培育池每公顷可放养规格为1kg左右的鲮鱼亲鱼（雌雄混养）120～130尾，另搭养鳙亲鱼和部分食用鳙、草鱼，每公顷放养量大约130kg。鲮亲鱼培育池不可搭养鲢。

培育方法类似于鲢、鳙亲鱼的培育方法，以施肥为主，培养浮游生物、附生藻类等。有机肥料可作为鲮鱼的饵料直接被利用，施肥尽量采取少施、勤施，一般每天每公顷亲鱼池施放熟粪肥50kg左右，每尾亲鱼投喂3.5～5kg豆饼或花生饼等。

第二节　催情产卵技术

目前，我国广泛使用的催产剂主要有3种：鲤鱼脑下垂体（PG）、绒毛膜促性腺激素（HCG）、促黄体素释放激素类似物（LRH－A）。另外，还有可提高催产效果的辅助剂，如马来酸地欧酮（DOM）。

一、催产药物的配制

鱼类脑垂体、LRH－A和HCG，必须用注射用水（一般用

0.6%氯化钠溶液，近似于鱼的生理盐水）溶解或制成悬浊液。即根据亲鱼体重和药物催产剂量计算出药物总量之后，将药物经过适当处理均匀溶入一定量的注射用水中，即配成注射药液。

注射药液一般即配即用，以防失效。如需放置1h以上，则应放入4℃冰箱中。稀释剂量要方便于注射时换算，一般应控制在每尾亲鱼注射剂量不超过5ml。

在配制药液时，还应注意药物特性，释放激素类似物和绒毛膜激素均为易溶于水的商品制剂，只需注入少量注射用水，充分溶解摇匀后，再将药物完全吸出并稀释到所需的浓度即可；脑垂体注射液配制前应取出脑垂体放干，在干净的研钵内充分研磨，研磨时加几滴注射用水，磨成糨糊状，再分次用少量注射用水稀释并同时吸入注射器，直至研钵内不留激素为止，最后将注射液稀释到所需浓度。若进一步离心，弃去沉渣取上清液使用更好，能避免堵塞针头，并可减少异性蛋白所起的副作用。DOM与其他药混合使用时，DOM需要单独配制，即利用注射用水总容量的一半配制DOM，另一半配制其他药物。

配制注射液应考虑在注射过程中造成药物的损失量。鱼尾数越多，损失量越大，一般损失量为配制总容量的3%～5%。在配制催产药物之前，需根据亲鱼个体的最大注射容量计算总容量，然后根据催产亲鱼的尾数确定损失的百分比，补上损失的容量和相应的药量。还应当注意注射液不宜过浓或过稀。过浓，注射液稍有浪费会造成剂量不足；过稀，大量的水分进入鱼体，对鱼不利。此外，注射器及配制用具使用前要煮沸消毒。

二、常用催产用具

1. 亲鱼网

用于捕捉亲鱼，要求网目不能太大，2～3cm即可，且材料要柔软较粗，以免伤鱼。网的宽度一般为6～7m，长度一般为亲鱼池宽的1.4倍左右，设有浮子和沉子。用于产卵池的亲鱼网可不设浮子和沉子。

2. 亲鱼夹和采卵夹

亲鱼夹是提送及注射亲鱼时用的，采卵夹是人工授精时提鱼用的。两种夹规格完全相同，只是采卵夹在夹的后端开了一个洞，使亲鱼的生殖孔露出来（图 4－1）。

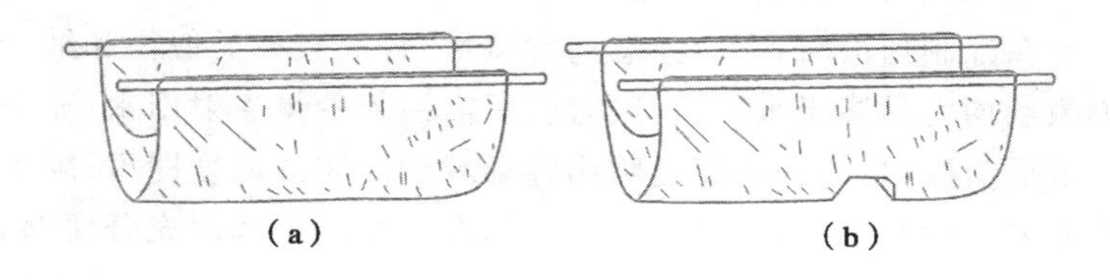

图 4－1 亲鱼夹和采卵夹

(a)亲鱼夹；(b)采卵夹

3. 其他工具

注射器（1ml、5ml、10ml）、注射针头（6 号、7 号、8 号）、消毒锅、镊子、研钵、量筒、温度计、秤、托盘天平、解剖盘、毛巾、纱布、药棉等。

三、催产期的确定

亲鱼性腺的发育随着季节、水温变化而呈周期性变化，从性腺成熟到开始退化之前这段时间就是亲鱼的催产期。最佳催产期持续的时间都不长，只有在催产期内对亲鱼催产，雌鱼卵巢对催产剂才能敏感，催产才能成功。过了催产期，性腺就开始退化。

当早晨最低水温能持续稳定在 18℃以上，就预示催产期到来。催产水温以 22～28℃最适宜；性腺成熟的亲鱼摄食量明显减退，甚至不吃东西。要想准确确定亲鱼的催产期，还要有选择地拉网检查亲鱼性腺发育情况，如雄鱼有精液，雌鱼腹部饱满。

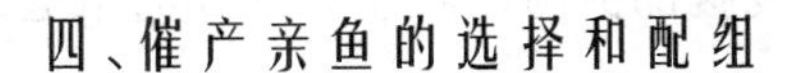

四、催产亲鱼的选择和配组

主要养殖鱼类的亲鱼培育技术是非常成熟的，一般按照常规技术培育亲鱼，成熟率很高(90%以上)，催产盛期亲鱼无须选择。然而在催产早期和晚期或者在亲鱼培育较差的情况下，为了提高催产率，需要严加选择。选择的首要条件是性腺发育良好，其次是无病无伤。

1. 催产用雄亲鱼的选择标准

从头向尾方向轻挤生殖孔两侧有精液流出，若精液浓稠，呈乳白色，入水后能很快散开，为性成熟的优质亲鱼；若精液量少，入水后呈线状不散开，则表明尚未完全成熟，若精液呈淡黄色近似膏状，遇水成团不散，表明性腺已过熟。

2. 催产用雌亲鱼的选择标准

鱼腹部明显膨大，后腹部生殖孔附近饱满、松软且有弹性，生殖孔红润；将鱼腹部朝上并托出水面，可见腹部两侧卵巢轮廓明显；鲢、鳙亲鱼能隐约见其肋骨，如此时将尾部抬起，可见到卵巢轮廓隐约向前滑动；草鱼可见到体侧有卵巢下垂的轮廓，腹中线处呈凹陷状。

雌亲鱼性腺发育成熟度判断方法：可在催产前用挖卵器由肛门后的生殖孔偏左或右插入卵巢 4cm 左右，然后转动几下取出少量鱼卵并倒入玻璃培养皿或白瓷盘中，加入少许透明固定液，2～3mm 后可观察卵核位置，并判断其成熟度。若挖卵器在靠近生殖孔处就能得到卵粒，且卵粒大小整齐、饱满、光泽好、易分散，大多数卵核已极化或偏位，则表明雌亲鱼性腺发育进入最佳催产期；若亲鱼后腹部小而硬，卵巢轮廓不明显，生殖孔不红润，卵粒不易挖出，且大小不整齐，不易分散，则表明性腺成熟度不够；若亲鱼腹部过于松软，无弹性，卵粒扁塌或呈糊状，则表明亲鱼性腺已退化。但是青鱼雌鱼往往腹部膨大不明显，只要略感膨大，有柔软感即可选用。检查草鱼亲鱼时，需停食 2～3d，因草鱼食量大,容易给人造成腹部饱满性腺发育良好的错觉。

3. 雌雄亲鱼配组

如果采用催产后由雌雄亲鱼自由交配产卵方式,选择催产亲鱼时,一般雄鱼略多于雌鱼。在同时催产几组亲鱼时,亲鱼自行产卵,雌、雄鱼配组比例为1∶1.5或雄体略多,以提高催产效果及受精率;如果采取人工授精,则雌、雄鱼比例为1∶0.5或雄体略少,1尾雄鱼的精液可供2～3尾同样大小的雌鱼受精。同时,应注意同一批催产的雌雄鱼,个体重量要大致相同,以保证繁殖动作的协调。

五、注射催产剂

1. 注射次数

应根据亲鱼的种类、催产剂的种类、催产季节和亲鱼性腺成熟度等来决定。可分为一次注射、二次注射,青鱼亲鱼催产甚至还有采用三次注射的。一般情况下,两次注射法效果较一次注射法为好,其产卵率、产卵量和受精率都较高,亲鱼发情时间较一致,适用于早期催产或亲鱼成熟度不够的情况下催产,因为第一针有催熟的作用。第一次注入量为总量的1/10(若注射量过高,很容易引起早产),剩余量第二次注入鱼体。两次间隔的时间根据当时水温而定,在繁殖季节早期(20℃左右)间隔8h左右,中期(25℃左右)6h左右,后期(30℃左右)4h左右。水温低或亲鱼成熟度不够好时,间隔时间长些;反之则应短些。

2. 注射时间

任何时间都可注射催产药剂,促进亲鱼性腺成熟、发情、产卵。根据天气、水温和效应时间选择适当时间注射,可预测注射后亲鱼发情、产卵的时间,便于人工观察、管理和有关技术操作,提高效率。生产上,为了使亲鱼在早上产卵,一般一次性注射多在下午进行,次日清晨产卵;两次注射,一般第一针在9:00左右

进行，第二针在当日晚上18:00～20:00进行。日温差较大的地区可向后移1～3h，以便产卵时水温较高。

3. 注射方法

注射前用鱼夹子提取亲鱼称重，计算实际需注射的剂量。注射时，一人拿鱼夹子，使鱼侧卧，露出注射部位，另一人注射，注射部位有3种，注射方法见表4－7、图4－2所示。

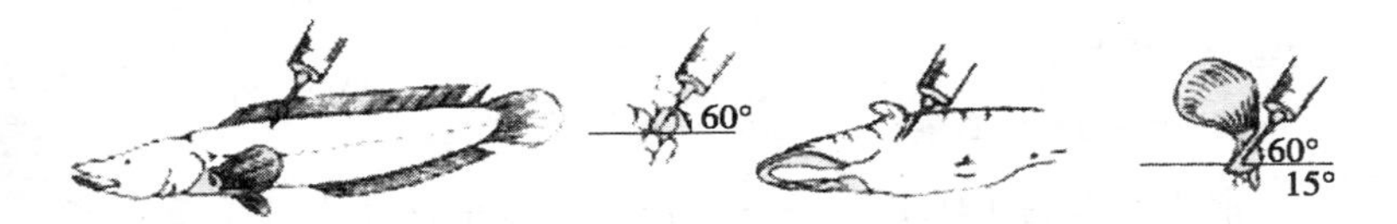

图4－2　亲鱼注射方法

表4－7　亲鱼催产剂的注射方法

注射部位	注射方法
胸腔注射	注射亲鱼胸鳍基部的无鳞凹陷处，针头朝鱼体前方与体轴成45°～60°刺入，迅速注入药液，深度一般为1cm左右。注射速度快，药容量大，是最常用的方法
腹腔注射	注射腹鳍基部，注射角度为30°～45°，深度为1～2cm
肌内注射	背鳍下方肌肉最厚处，用计尖翘起鳞片，顺着鳞片向前刺入肌肉1～2cm，与体表成40°角刺入鱼体肌肉内，并缓缓注入药液。这种方法适合药液较少的注射，如两次注射的第一针

4. 主要养殖鱼类人工催产药物的常用剂量

(1)青鱼人工催产。常用剂量为(LRH－A 5μg＋HCG 500IU＋PG 3mg)/kg体重。进行2次注射，第一针LRH－A 1μg/kg体重，雌、雄同样注射。水温25℃以上，间隔15～18h注射第二针。一般青鱼发情不明显，自产受精率低，甚至不产，应按预测效应时间拉网检查，进行人工授精。

(2)草鱼人工催产。常用剂量为 LRH－A 3～5μg/kg 体重。在水温偏低和亲鱼性腺发育较差时，每千克体重加 DOM 2～5mg。

(3)鲢、鳙人工催产。常用剂量为 HCG 800～1 000IU/kg 体重。在水温偏低和亲鱼性腺发育较差时，每千克体重加 DOM 2～5mg。

(4)鲤、鲫人工催产。常用剂量为 DOM 2～5mg＋LRH－A 10μg/kg 体重。

5. 团头鲂人工催产

常用剂量为 LRH－A 8～10μg/kg 体重。在水温偏低和亲鱼性腺发育较差时，每千克体重加 DOM 2～5mg。

6. 效应时间

亲鱼注射催产剂后(两次或三次注射从最后一次注射完成算起)到开始发情所需的时间叫效应时间。效应时间的长短与催情剂的种类、注射次数、亲鱼种类、年龄、性腺成熟度以及水温、水质条件等密切相关，主要由水温决定，水温与效应时间呈负相关(表 4－8)。一般情况下，水温每相差 1℃，从注射到发情产卵的时间要增加或减少 1～2h。一般两次注射比一次注射效应时间短。脑垂体效应时间比绒毛膜激素短，绒毛膜激素又比类似物短。通常鳙效应时间最长，草鱼效应时间最短，鲢和青鱼效应时间相近。

表 4－8　草鱼一次注射催情剂的效应时间

水温(℃)	催情剂		水温(℃)	催情剂	
	脑垂体(h)	LRH－A(h)		脑垂体(h)	LRH－A(h)
20～21	14～16	19～22	26～27	9～10	12～15
22～23	12～14	17～20	28～29	8～9	11～13
24～25	10～12	15～18			

六、产卵池

家鱼产卵池是模拟天然产卵场的流水条件，包括产卵池、集卵池和排灌设施。产卵池的种类很多，常见的为圆形，砖、水泥结构的产卵池。直径 8～10m，面积 50～100m^2。池底由四周向中心倾斜 10～15cm。池深 1.5～2.0m，池底中心设方形或圆形出卵口一个，上盖拦鱼栅，出卵时由暗道引入集卵池。墙顶每隔 1.5m 设稍向内倾斜的挂网杆插孔一个。集卵池一般为长方形，长 2.5m，宽 2m，其池底较产卵池底低 25～30cm。在集卵池设溢水口一个，底部设排水口一个。集卵池墙一边设 3～4 级阶梯，每一级阶梯设排水洞一个，可采用阶梯式排水。集卵网与出卵暗管相连，放置在集卵池内，以收集鱼卵。

七、发情、产卵

1. 发情

亲鱼注射催产剂后在激素作用下，经过一定的效应时间，产生性兴奋现象，雄鱼追逐雌鱼，这即是发情。开始时比较缓慢，以后逐渐激烈，使水面形成明显的波纹和漩涡，激烈时甚至能跃离水面。在水质清新时，可看到发情的雌、雄“四大家鱼”腹部朝上，肛门靠近，齐头由水面向水下缓游，精、卵产出，甚至射出水面，清晰可见；有时还可观察到雄鱼在下，尾部弯曲抱住雌鱼，肛门靠近，将雌鱼托到水面。

2. 产卵

“四大家鱼”、鲤、鲫、团头鲂等鱼类的发情、产卵时间主要取决于当时的水温，通过测定水温可以推算、预测其发情、产卵的时间。当水温 20℃时，进行一次注射，经 14～16h 即开始发情、产卵；两次注射，打第二针后约经 12h 左右即开始发情、产卵。而水温每上升或下降 1℃，则分别提早和推迟 1h 左右。此外，发情、产卵还受亲鱼性腺发育程度、催产剂量等因素的影响而有一定的差异，往往进行两次注射，其发情、产卵比较准时。

八、鱼卵收集

亲鱼注射催产剂后，必须有专人值班，密切注意鱼的动态。一般在发情前2h开始冲水，发情约0.5h后便可产卵，若产卵顺利，一般可持续2h左右。受精卵在水流的冲动下，很快进入集卵箱，当集卵箱中出现大量鱼卵时，应及时捞取鱼卵，经计数后放入孵化工具中孵化，以免鱼卵在集卵箱中沉积导致窒息死亡。产卵结束，可捕出亲鱼，放干池水，冲放池底余卵。

亲鱼产卵过程中，也会遇到半产、难产现象，亲鱼能否顺利产卵与亲鱼体质、水温、雌鱼性腺成熟度、催产剂量等有直接关系。

九、人工授精

用人工方法采取成熟的卵子和精子，将它们混合后使之完成受精的过程叫人工授精。进行人工授精需密切注意观察发情鱼的动态，当亲鱼发情至高潮即将产卵之际，迅速捕起亲鱼采卵采精，并立即进行人工授精。鱼类人工授精的方法有干法、湿法和半干法3种。

1. 干法人工授精

首先分别用鱼夹装好雌、雄鱼沥水，用毛巾擦去鱼体表和鱼夹上的水。将鱼卵挤入擦净的盆中(四大家鱼)或大碗内(鲤、鲫、团头鲂等)，接着挤入数滴精液，用羽毛轻轻搅拌，约1～2min，使精卵混匀，再加少量清水拌和，静置2～3h，慢慢加入半盆清水，继续搅动，使其充分受精，然后倒去浑浊水，再用清水洗3～4次。“四大家鱼”受精卵，待卵膜吸水膨胀后移入孵化器中孵化；鲤、鲫、团头鲂等受精卵，可撒入鱼巢孵化。

2. 湿法人工授精

脸盆内装少量清水，由两人分别同时将卵和精液挤入盆内，并由另一人用羽毛轻轻搅动或摇动，使精卵充分混匀，其他同干法人工授精。该法不适合黏性卵，特别是黏性强的鱼卵不宜采用。

3. 半干法人工授精

半干法授精与干法的不同点在于，将雄鱼精液挤入或用吸管由肛门处吸取，加入盛有适量0.3%～0.5%生理盐水的烧杯或小瓶中稀释，然后倒入盛有鱼卵的盆中搅拌均匀，最后加清水再搅拌2～3min使卵受精。

生产上最常用的是干法人工授精，但值得注意的是亲鱼精子在淡水中存活的时间极短，一般在半分钟左右，所以需尽快完成全过程。

十、鱼卵计数方法

1. 体积法

用容器量出鱼卵的总体积，再测出单位体积的鱼卵数，用总体积乘以单位体积的鱼卵数即可。若卵已经开始吸水，则应待充分吸水膨胀后再测定。

2. 重量法

雌鱼产卵前后的重量之差乘以单位重量的卵粒数。

十一、产后亲鱼的护理

亲鱼产卵后体质十分虚弱，催产过程中又极易受伤，稍不注意便会导致亲鱼死亡。一般产后亲鱼应放入水质良好、溶氧充足的池塘精心饲养，使它们尽快恢复体质。若是受伤亲鱼可用各种抗生素或磺胺类软膏涂抹伤口，也可用高锰酸钾溶液涂抹。伤情较重的，可同时注射青霉素(剂量为10 000IU/kg体重)或10%的磺胺噻唑钠，体重5～8kg的亲鱼注射1ml(内含0.2g药)。

第三节　孵化技术

受精卵在一定环境条件下经过胚胎发育最后孵出鱼苗的全过程叫孵化。人工孵化就是要创造合适的孵化条件，使胚胎正常发育成鱼苗。

一、孵化条件

1. 水质

因家鱼卵均为半浮性卵，在静水条件下会逐渐下沉堆积，导致溶氧不足，胚胎发育迟缓，甚至窒息死亡。在水流的作用下可使受精卵漂浮；流水可提供充足的溶氧，及时带走胚胎排出的废物，保持水质清新。水流的流速一般约为 0.3～0.6m/s，以鱼卵能均匀随水流分布漂浮为原则。鱼卵孵化要求 pH 值为 7.5～8.5，pH 值过高易使卵膜变软甚至溶解，过低容易形成畸形胎。受工业或农药污染的水，不能用作孵化用水。

2. 溶氧

胚胎在发育过程中，因新陈代谢旺盛需要大量的氧气。孵化期间要求溶解氧不低于 4mg/L，最好保持在 5～8mg/L。缺氧胚胎发育迟缓，甚至死亡。实践证明当水体中溶氧低于 2mg/L 时，可导致胚胎发育受阻甚至出现死亡。在胚胎出膜前期如果缺氧会导致提早出膜，但溶氧过饱和又会造成鱼卵和幼苗得气泡病。

3. 水温

鱼卵孵化最适水温为 24～26℃，适宜水温为 22～28℃。在最适水温中孵化率最高。正常孵化出膜时间为 1 天左右，在适宜水温范围内随着水温升高，孵化速度加快，相反则减慢，水温低于 17℃ 或高于 31℃ 都会对胚胎发育造成不良影响，甚至死亡。水温的突然变化也会影响正常胚胎发育，造成停滞发育，或产生畸形甚至死亡。

4. 敌害生物

鱼卵孵化期间主要敌害有剑水蚤和水蚤为代表的桡足类、枝角类、水生昆虫和小鱼、小虾等。桡足类、枝角类不但会消耗大量氧气，同时还能用其附肢刺破卵膜或直接咬伤仔鱼及胚胎，造成大批死亡；水生昆虫、小鱼、小虾可直接吞食鱼卵，因此必须彻底清除。孵化用水必须用 60 目的筛绢过滤。

二、孵化设施

生产上常用的孵化设施有孵化桶（缸）、孵化环道及孵化槽等。基本原理是造成均匀的流水条件，使鱼卵悬浮于流水中，在溶氧充足、水质良好的水流中翻动孵化，因而孵化率较高（80%左右）。一般要求孵化设施内壁光滑，没有死角，不会积卵和积苗。每立方水可容卵 100 万～200 万粒。

1. 孵化环道

分圆形和椭圆形两种，适用于大规模生产使用，按环数可分为单环型、双环型、三环型等几种。一般认为椭圆形环道比圆形好，因其减少了水流循环时的离心力，从而减少了环道的内壁死角。整个环道孵化系统由蓄水池、环道、过滤窗、进水管道、排水管道、集苗池等组成。

蓄水池主要为了保证孵化用水的流量、流速及水质，蓄水池与孵化环道要有 1m 以上的水位落差。环道每环的宽度一般为 80cm，深 1.0～1.2m，底部呈弧形。过滤窗为长方形，装有 50 目过滤筛绢，窗向外倾斜，以便洗刷。过滤窗是为了防止卵和苗溢出以及保持环道水位。过滤窗的总面积与放卵密度、流量、筛绢孔径大小等因素有关，圆形环道过滤窗的大小为 50cm×30cm，内环 8 个，外环 14 个；椭圆形环道过滤窗的大小为 120cm×70cm，每环 4 个。进水管道全部为埋在地下的暗管，半径100～150mm，用瓷管或镀锌钢管，按环道各环走向，每隔1.5～2m设一鸭嘴形的喷头，喷头管口为25mm左右，安装时离池底5～10cm，向环道内壁切线方向喷水，使水环流，不形成死角。孵化用水由过滤窗、溢水口、暗沟和跌水孔进入埋在地下的排水管道，排水管与每环的出苗口相连，并直接通集苗池。

2. 孵化桶（缸）

适用于小批量的鱼卵孵化，一般由白铁皮或塑料制成，也有用普通水缸改制而成。要求缸形圆整，内壁光滑，以容水量200kg左右为宜，可按每100kg水放卵10万～20万粒孵化。该孵化设备具有放卵密度大、孵化率高、使用方便等优点（图4－3）。

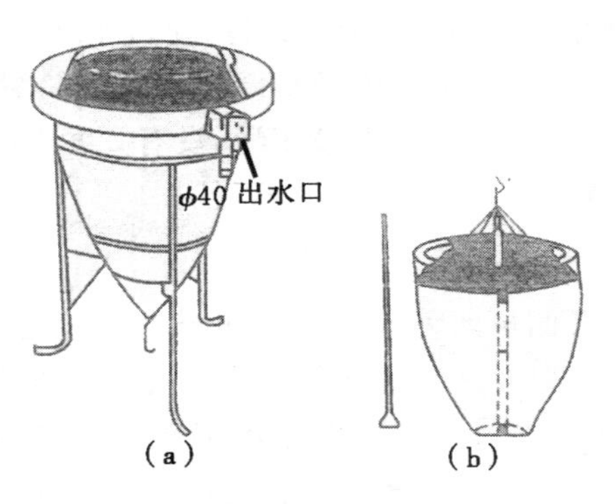

图4－3　孵化桶

3. 孵化槽

用砖和水泥砌成的一种长方形水槽，大小根据生产需要。较大的长300cm，宽150cm，高130cm。每立方米可放70万～80万粒鱼卵。槽底装三只鸭嘴喷头进水，在槽内形成上下环流。

三、孵化管理

1. 常规管理

催产前必须对孵化设施进行一次彻底的检查、试用，发现问题及时修复，特别是进排水系统，水流情况，进水水源情况、排水滤水窗纱有无损坏，进水过滤网布是否完好，所用工具是否备齐等。有关工具及设施清洗干净、消毒后备用。孵化期间水流的速度控制在不使卵粒、仔鱼下沉堆积为度，鱼苗平游后应适量减低流速。随时清洗过滤窗筛网，以保证排水畅通。若孵化水体中剑水蚤数量较多时，可泼洒 0.1mg/L 的晶体敌百虫水溶液杀灭。

2. 病害防治

(1)水霉病。孵化期间由于鱼卵、鱼苗质量较差，受精率较低，水体中死卵、死苗较多，感染水霉，逐渐蔓延到所有的受精卵，使孵化率显著降低。该病主要是通过预防，尽可能提高受精率和保持孵化用水的清洁；黏性卵尽可能采用脱黏流水孵化。鱼种放养前，每公顷的池塘用生石灰 120kg 化水后全池匀洒，进行清塘、消毒，减少此病发生的概率。若已经感染水霉，可全池泼洒二溴海因治疗，每 667m^3 池水中用二溴海因（有效含量10％）200g，对水全池均匀泼洒，连用 2～3 天；也可以使用浓度为 2～3mg/L 的亚甲基蓝对水后全池匀洒，3～4 天后再洒一次。

(2)气泡病。孵化期间由于水肥、绿藻过多，光合作用强造成溶氧过饱和，或孵化用水进入孵化器之前剧烈撞击造成溶氧过饱和，鱼卵或仔鱼身上会形成若干个气泡，使其漂浮于水面不能下沉，导致气泡病。因此，在孵化过程中要避免水中溶氧过饱和；受到剧烈撞击的水不能直接用于孵化，需经一昼夜静置后方可使用。一旦发生气泡病，应改换水源或将鱼卵、幼苗移入清水中继续孵化。

3. 受精鱼卵的鉴别

鱼类黏性卵膜吸水少，半透明，肉眼不易观察内部结构，加上脱黏使卵膜外又黏附泥浆，更不易观察，但经过 2～3 天孵化后，受精卵卵粒较硬、反光，不易用手指压破；而未受精卵，卵粒较软、发白、不反光，易用手指压破。镜检黏性卵时，要把脱黏卵膜上的泥粒搓洗干净，凡能观察到卵周隙，卵裂细胞也隐约可见则为受精卵；相反，看不到卵周隙，外表灰白，一片模糊，则为未受精卵。镜检“四大家鱼”卵时，可以观察到其受精卵早期胚胎发育状态十分清晰，受精卵细胞分裂大小基本一致，排列整齐；未受精卵则细胞分裂大小差别很大，无规则排列，甚至有的分裂球掉下来，并逐渐解体成空心卵。

4. 计算受精率和孵化率

通常在胚胎发育至原肠中期（即胚盘下包 2h）时计算鱼卵的受精率。在水温 20～25℃时，约需 8h。

$$受精率(\%)=\frac{受精卵数}{检查卵的总数}\times 100$$

孵化率是指受精卵中能孵出鱼苗的百分率，一般在出膜完成后进行计算。

$$孵化率(\%)=\frac{孵出鱼苗总数}{受精卵总数}\times 100$$

四、孵化方法

鲤、鲫、团头鲂等黏性卵的孵化方法主要有四种。

1. 静水充氧孵化法

该法需要的器具主要有空气压缩机、通气总管、支管、散气石、脸盆、木桶或玻璃缸、水族箱等。将受精卵均匀地撒在孵化容器底部，不要堆积，加水 15cm，连续充氧；每天早、中、晚、夜 4 次换水，每次换水量为容器中总水量的 1/4～1/3，换水后还要用吸管吸出死卵、未受精卵和感染水霉病的卵。该方法操作简单、方便、用水量小，但是孵化率较低。

2. 流水孵化法

该法是利用家鱼孵化用的孵化环道、孵化桶、孵化缸等设备孵化。受精卵放在环道中，被流水冲起，始终处于漂浮状态，有充足的溶氧进行孵化。孵化时受精卵放在桶、缸内，水流从桶、缸底冲入，将卵冲起孵化，溢满的水通过滤水纱网，从桶、缸上部流出。

3. 淋水孵化法

在寒潮侵袭、水温太低的情况下，将鱼巢移入室内进行淋水孵化。操作时，将鱼巢移到室内整齐平放在分层的竹（木）框架上，鱼巢上、下分别放置一薄层水草或其他草类，每隔 30mm 左右用喷壶洒水 1 次，保持鱼巢、鱼卵湿润。同时，关好室内门、窗，保温、保湿，室温保持在 18～20℃。当眼点出现后，应及时将鱼巢移入池塘继续孵化。

4. 脱黏孵化法

该法又叫人工授精脱黏孵化方法。即将精、卵在黄泥浆水中受精、脱黏后用孵化环道、孵化槽和孵化桶（缸）进行流水孵化。

操作时先准备好黄泥浆水，即每 10L 清水加入不含沙或少含沙的黄泥 2～3kg，充分搅拌，并用 40 目网箱过滤，除去杂物放入盆（桶）内备用。脱黏时，一人将鱼卵徐徐倒入脱黏盆（桶）内的泥浆水中，另一人不停地用手上下翻动泥浆水 5～10min，然后将卵和泥浆一同倒入 40 目网箱中，洗去泥浆，卵粒计数后放入孵化器中孵化。

第五章　养殖鱼类鱼苗、鱼种的培育技术

鱼苗、鱼种的培育，就是把孵化后的鱼苗，养成供池塘、湖泊、水库、河沟等水体放养的鱼种。鱼苗长到全长 3cm 左右时，称为夏花鱼种。夏花鱼种培育到当年 12 月底出池时称为 1 龄鱼种；培育到第二年冬季出池时，称为 2 龄鱼种。一般把从鱼苗入池起培育到 2 龄鱼种这段生产过程统称为鱼苗、鱼种培育，其间分为鱼苗培育和鱼种培育两个阶段。

第一节　鱼苗、鱼种培育的基础知识

一、鱼苗阶段的生物学特征与鉴别

不同种类的鱼苗主要根据其体型大小、眼的大小和位置、鳔的形态大小及位置、尾鳍褶的形状、体色及游泳特点等方面鉴别。

二、食性变化

刚孵出的鱼苗以卵黄囊中的卵黄为营养，称内营养期；随着鱼苗逐渐长大，卵黄囊由大变小，此时鱼苗一面吸收卵黄，一面摄食外界食物，称混合营养期；卵黄囊消失后，鱼苗就完全靠摄食水中的浮游生物而生长，称外营养期。几种主要养殖鱼类由鱼苗成长为鱼种的过程中，它们的食性将发生明显的变化。

(1)仔鱼早期。此时鱼苗刚刚下塘 1～5 天，全长一般为7～10mm。鲢鱼、鳙鱼、鲤鱼、草鱼等鱼苗的“口径”(特指鱼口的长

径)大小相似,为 0.22～0.29mm,适口食物大小为(165～210)μm×700μm。食物主要有轮虫和小型枝角类,个体过大、过小的食物都不适合。

(2)仔鱼中期。鱼苗下塘后的 5～10 天,全长一般为 12～15mm。几种常见鱼类鱼苗的口径大小基本为 0.62～0.87mm,但摄食方式已开始出现区别,鲢鱼、鳙鱼苗摄食方式由吞食向滤食转化,适口的食物是轮虫、枝角类、桡足类、少量无节幼体和较大型的浮游植物;鲤鱼、草鱼鱼苗摄食方式仍然是吞食,适口食物是轮虫、枝角类、桡足类,还能吞食少量摇蚊幼虫等底栖动物。

(3)仔鱼晚期。鱼苗下塘后培育 10～15 天,此时全长一般为 16～20mm,即乌仔阶段。此时鲢、鳙鱼苗由吞食完全转为滤食,但鲢鱼苗的食物以浮游植物为主,鳙鱼苗的食物以浮游动物为主;草鱼、青鱼、鲤鱼等鱼苗口径增大,摄食能力增强,主动吞食大型枝角类、摇蚊幼虫和其他底栖动物,草鱼鱼苗开始吃幼嫩水生植物。

(4)夏花期。此时鱼苗的全长一般为 21～30mm。几种常见鱼类鱼苗的食性分化更加明显,很快进入鱼种期。

(5)鱼种期。此时鱼体全长一般为 31～100mm。摄食器官和滤食器官的形态和机能都基本与成鱼相同。草鱼、青鱼、鲤鱼等的上下颌活动能力增强,可以挖掘底泥,有效地摄取底栖动物。

综上所述,草鱼、青鱼、鲢鱼、鳙鱼、鲤鱼 5 种主要养殖鱼类,由鱼苗发育至鱼种阶段,其摄食方式和食物组成发生规律性变化。鲢鱼、鳙鱼由吞食为滤食,鲢由吃浮游动物转为主要吃浮游植物,鳙鱼由吃小型浮游动物转为吃各种类型的浮游动物;草鱼、青鱼、鲤鱼等始终都是主动吞食,草鱼由吃浮游动物转为吃草,青鱼由吃浮游动物转为吃螺、蚬等底栖动物,鲤鱼由吃浮游动物转为主要吃摇蚊幼虫和水蚯蚓等底栖动物。

三、生活习性

1. 栖息水层

鱼苗培育是在池塘等小水体中进行。初下塘时，各种鱼苗在池塘中大致是均匀分布的。当鱼苗长到15mm左右时，各种鱼苗所栖息的水层随着它们食性的变化而各有不同。鲢、鳙鱼苗因滤食浮游生物，所以多在水域的中上层活动；草鱼苗食水生植物，喜欢在水的中下层及池边浅水区成群游动；青鱼和鲤鱼苗除了喜食大型浮游动物外，主要吃底栖动物，所以栖息在水的下层，也到岸边浅水区活动。

2. 水温

鱼苗、鱼种的新陈代谢受温度影响很大，当水温降到15℃以下，主要养殖鱼类的食欲明显减弱，水温低于7～10℃时，几乎停止或很少摄食。它们最适生长温度为20～28℃，水温高于36℃，生长受到抑制。

3. 水质

鱼苗、鱼种对水质适应能力相对比成鱼差，因此对水质条件要求比较严格。

(1)溶氧。鱼苗、鱼种的代谢强度比成鱼高得多，因此对水中的溶氧量要求高，草鱼、青鱼、鲢鱼、鳙鱼、鲤鱼等摄食和生长的适宜溶氧量在5～6mg/L或更高，水中溶氧应在4mg/L以上，低于2mg/L，鱼苗生长受到影响，低于1mg/L，容易造成鱼苗浮头死亡。

(2)pH值。最适pH值为7.5～8.5，长期低于6.5或高于9.0都会不同程度地影响鱼苗、鱼种的生长和发育。

(3)盐度。成鱼可在盐度为5的水域中正常发育，而鱼苗在盐度为3的水中生长缓慢，成活率很低，鲢鱼苗在5.5的盐度中不能存活。

(4)氨氮。当总氨浓度大于0.3mg/L时(pH值为8)，鱼苗生长受到抑制。

四、生长特点

1. 鱼苗的生长特点

鱼苗到夏花阶段相对生长率最大，是生命周期的最高峰。据测定，鱼苗下塘10天内，平均每2天体重增加1倍多，平均每天增重10～20mg，鲢鱼苗平均每天增长0.71mm，鳙鱼苗为1.2mm。鲢、鳙鱼苗的生长情况见表5－1。

表5－1 鲢、鳙鱼苗的生长情况表

日龄	鲢鱼苗		鳙鱼苗	
(d)	体长(mm)	体重(mg)	体长(mm)	体重(mg)
2	7.2	3	8.1	4
4	8.1	10	8.5	12
6	10.7	21	11.6	27
8	13.3	40	11.8	54
10	18.8	94	13.0	90
12	19.2	188	15.2	134

引自：王武.鱼类增养殖学，2000.

2. 鱼种的生长特点

鱼种阶段鱼体的相对生长率较鱼苗阶段有显著下降，在100天的培育期间内，每10天体重约增加1倍，但绝对增重量则显著增加，平均每天增重：鲢鱼4.19g，鳙鱼6.3g，草鱼6.2g，是鱼苗阶段绝对增重的200～600倍。在体长增长方面，平均每天增长数：鲢鱼2.7mm，鳙鱼3.2mm，草鱼2.9mm。鲢鱼种体长增长为鱼苗阶段的2倍多，鳙鱼种体长增长为鱼苗阶段的4倍多。影响鱼苗、鱼种生长速度的因素很多，除了遗传性状外，与生态条件密切相关，主要有放养密度、食物、水温和水质等。

第二节 鱼苗培育技术

鱼苗培育就是将鱼苗养成夏花鱼种。为了提高夏花鱼种的成活率，在鱼苗培育阶段要创造无敌害生物、水质良好的生活环境；要保持数量多、质量好的适口饵料，以便培育出体质健壮、适合于高温运输的夏花鱼种。

一、鱼苗培育前的准备工作

1. 鱼苗池的选择

为了保证鱼苗正常生长发育，在鱼苗培育过程中，需要随时注水和换水。要求鱼苗池注、排水方便，水源水质清新，不含泥沙和其他任何污染物质。鱼苗池要池形整齐，最好长方形东西走向，其长宽比为 5∶3。面积为 1～3hm^2，水深 1.0～1.5m 为宜。鱼苗池堤坝牢固不漏水，其高度应超过最高水位 0.3～0.5m。池底平坦，并向出水口倾斜，且以壤土为好，池底淤泥厚度少于 20cm，无杂草。鱼苗池通风向阳，其水温增高快，也有利于有机物的分解和浮游生物的繁殖，保持鱼池较高溶氧水平。

2. 鱼苗池的清整和消毒

鱼苗池使用过以后要排干池水，清除过多淤泥。通过日晒、冻等自然过程可杀死致病菌、病毒、害虫和各类水生动、植物。春天时清除水线上下各类杂草、脏物，修堤，堵漏，平整池堤、池坡。一般在鱼苗放养前 10～12 天进行药物清塘，清塘时间过早或过晚，都会给鱼苗培育带来不利影响。清塘常用的药物有生石灰、漂白粉、清塘净等。

生石灰清塘时，先把池水排低至 6～10cm，在池底四周挖若干个小坑，按照 60～70kg/hm^2 的用量将生石灰倒入小坑内加水对浆后，立即向全池均匀泼洒。为了提高清塘效果，次日可用铁耙将池底耙动一遍，使生石灰与底泥充分混合。生石灰清塘经济实用、方法简单、清塘效果最好，是目前最常用的清塘方法。

漂白粉清塘，药性消失快，对急于使用的鱼苗池更为适宜。漂白粉清塘时同样要先将池水排至 5～10cm，按照 100kg/hm^2 左右用量将漂白粉在瓷盆内用清水溶解后，立即全池泼洒。

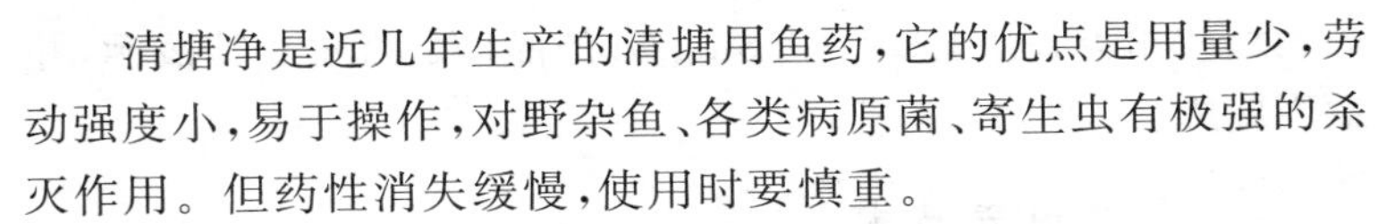

清塘净是近几年生产的清塘用鱼药，它的优点是用量少，劳动强度小，易于操作，对野杂鱼、各类病原菌、寄生虫有极强的杀灭作用。但药性消失缓慢，使用时要慎重。

使用上述药物清塘，一般2天后可向池中注水，7天后药效消失方可放鱼。

3. 培养天然开口饵料

鱼苗下池时能吃到适口的食物是鱼苗培育的关键技术之一，也是提高鱼苗成活率的重要环节。主要养殖鱼类鱼苗的天然开口饵料有轮虫和类似轮虫大小的其他原生动物。

鱼苗培育池清整、消毒以后，在鱼苗下池前7天左右注水50～60cm，并立即向池中施放绿肥或粪肥(畜粪、禽粪等)150～300kg/hm²，或施微生物菌肥20～30kg/hm²(或依说明书施用)，以繁殖适量的天然饵料，俗称"肥水下塘"。在水温25℃左右时，施肥后5天左右轮虫会大量出现，逐渐达到繁殖的高峰期，如果此时投入鱼苗，鱼苗就可摄取丰富、可口的活饵料，生长快，成活率高。

为了促进轮虫繁殖生长，鱼苗下塘前，以拉空网的方式翻动底泥，使沉入泥中的轮虫冬卵翻起、孵化、生长而增加其数量。如果水质变瘦，应适当追肥，以补充水中有机质和营养盐类，保持一定数量的轮虫和藻类，为鱼苗提供充足的天然饵料。

4. 放苗前准备工作

放苗前1～3天要对鱼苗培育池水质仔细检查。包括测试清塘药物的毒性是否消失，方法是取池塘底层水用几尾鱼苗试养，观察24h左右，若鱼苗生活正常，可以放苗；检查鱼苗培育池中有无有害生物，方法是用鱼苗网在塘内拖几次，俗称"拉空网"。若发现大量丝状绿藻，应用硫酸铜杀灭，并适当施肥，如有其他有害生物也要及时清除；观察池水水色，一般以黄绿色、淡黄色、灰白色(主要是轮虫)为好，池塘肥度以中等为好，透明度20～30cm，浮游植物生物量20～50mg/L。若池水中发现大量的大型枝角类，可用0.2～0.5mg/L的晶体敌百虫全池泼洒，并适当施肥。

二、鱼苗放养技术

1. 放养密度

鱼苗的放养密度对鱼苗的生长速度和成活率有很大影响。密度过大鱼苗生长缓慢或成活率较低，由鱼苗培育至夏花的时间过长，影响下一步鱼种的饲养；密度过小，虽然鱼苗生长较快，成活率较高，但浪费池塘水面，肥料和饵料的利用率也低，使成本增高。在确定放养密度时，应根据鱼苗、水源、肥料、饵料来源、鱼池条件、放养时间以及饲养管理水平等情况灵活掌握。

目前，鱼苗培育大都采用单养的形式，由鱼苗直接养成夏花，放养密度为10万～15万尾/hm^2；由鱼苗养成乌仔，放养密度为15万～20万尾/hm^2；由乌仔养到夏花时，一般放养密度为3万～5万尾/hm^2。

2. 鱼苗下塘时注意事项

鱼苗幼嫩，对环境的适应能力较弱，特别是经过长途运输的鱼苗，在放入培育池时应注意以下事项。

(1)鱼苗入池标准。准备下塘的鱼苗必须是腰点(鳔)大部已经显现，肉眼清晰可见，卵黄囊基本消失，体色清淡，游动活泼，在鱼盘内能逆水游动，去水后能在盘中弯体摆动，能摄食外界食物。

(2)暂养。凡是经过运输的鱼苗，须先放在鱼苗暂养箱中暂养后再下塘。塑料袋充氧密封运输的鱼苗，特别是长途运输的鱼苗，应先放入暂养箱中暂养0.5h左右，并在箱外划动池水，以增加暂养箱内水的溶氧。当暂养箱中的鱼苗能集群在箱内逆水游动，即可下塘。

(3)下塘前喂食。鱼苗下塘前先喂食，以提高鱼苗下塘后的觅食能力和成活率。将煮熟的鸭蛋黄用双层纱布搓碎，均匀撒到鱼苗暂养箱内，待鱼苗饱食后，肉眼可见鱼体内有一条白线，方可下塘。一般每10万尾鱼苗喂1个鸭蛋黄。

(4)温度。鱼苗下塘的安全水温不能低于13.5℃，一般要求水体温差不超过±3℃。

(5)天气。闷热天、气压低、或暴雨前后鱼苗不宜入池，否则会明显降低成活率，甚至全部死亡；长期阴雨、水温低时鱼苗入池后成活率降低。

(6)敌害生物。放养鱼苗前用密眼网拉1～3遍，如发现培育池中有大量蛙卵、蝌蚪、水生昆虫或残留野杂鱼等敌害生物，须重新清塘消毒。

(7)水质。鱼苗下塘时，池水透明度最好在30～35cm。如池水过肥则应加些新水；如果池水中枝角类、桡足类较多，池水透明度大，用0.2～0.5mg/L的晶体敌百虫全池泼洒进行杀灭，也可以放养体长13cm左右的鳙鱼300～450尾/hm^2，待枝角类、桡足类等浮游动物被吃掉后，将鳙鱼全部捕出，然后放入鱼苗。

(8)下塘时间。一般选择在上午9:00～10:00。下塘时应选择在鱼池上风向方位入池，以便鱼苗随风游开。

三、鱼苗的饲养管理技术

1. 精细喂养

根据不同发育阶段鱼苗对饵料的不同要求，可分为四个阶段进行强化培育。

(1)轮虫阶段。此阶段为鱼苗下塘1～5天。此期鱼苗主要以轮虫为食，为维持池内轮虫数量，鱼苗下塘开始，每天上午、中午、下午各泼洒豆浆1次，每次每公顷泼豆浆15～17kg。

(2)水蚤阶段。此阶段为鱼苗下塘后6～10天。此期鱼苗主要以水蚤等枝角类为食。每天需泼豆浆2次(上午8:00～9:00，下午1:00～2:00)，每次每公顷豆浆量可增加到30～

40kg。在此期间，追施一次腐熟粪肥，施肥量为 100～150kg/hm^2，以培养大型浮游动物。

(3)精料阶段。此阶段为鱼苗下塘后 11～15 天。此期水中大型浮游动物量下降，不能满足鱼苗生长需要，鱼苗的食性已发生明显转化，开始在池边浅水寻食。此时，应改投豆饼糊或磨细的酒糟等精饲料，每天每公顷投干豆饼 1.5～2.0kg。这一阶段必须投喂数量充足的精饲料，以满足鱼苗生长的需要。

(4)锻炼阶段。此阶段为鱼苗下塘后 16～20 天。此期鱼苗已达到夏花规格，需拉网锻炼，以适应高温季节出塘分养的需要。此时豆饼糊的数量需进一步增加，每天每公顷投干豆饼 2.5～3.0kg。此外，池水也应加到最高水位。

2. 日常管理

鱼苗入池后，首先观察其活动状态是否正常。凡正常的鱼苗应立刻向四周游动散开，1h 内在鱼池边的水下可观察到鱼苗有规律地游动并开始摄食。

(1)分期注水。鱼苗饲养过程中分期注水是加速鱼苗生长和提高鱼苗成活率的有效措施。在鱼苗入池时，池塘水深 50～60cm；然后每隔 3～5 天加水 1 次，每次注水 10～20cm，培育期间共加水 3～4 次，最后加至最高水位。注水时须在注水口用密网过滤，防止野杂鱼和其他敌害生物进入鱼池，同时避免水流直接冲入池底把水搅浑，具体注水时间和注水量要根据池水肥度和天气情况灵活掌握。分期注水可使水温提高快，促进鱼苗生长，又可节约饵料和肥料，同时容易掌握和控制水质。

(2)巡塘。每天早晨和下午各巡塘 1 次，早晨巡塘要特别注意观察鱼苗有无浮头现象，如有浮头应立即注入新水或采取其他措施。要在早晨日出前捞出蛙卵，否则日出后，蛙卵下沉不易发现。观察鱼苗活动、生长和摄食情况，以便及时调整投饵、施肥数量，随时消灭有害昆虫、害鸟、池边杂草等。及时发现和治疗鱼病，作好各种记录，以便不断总结经验。

(3)控制水质。池水呈绿色、黄绿色、褐色为好。透明度以25～30cm为宜。

(4)鱼苗培育阶段病害的防治。鱼苗培育早期阶段的鱼病主要是气泡病,而敌害有以水蜈蚣为代表的水生昆虫,以水绵、水网藻为代表的藻类,甚至过多的大型浮游动物、水生草类和水边杂草也对下塘鱼苗构成危害。此外,野杂鱼类、虾类、螺类、蚌类、贝类、蝌蚪等都是鱼苗的敌害。到了培育后期,随着鱼体不断长大和食性转化,鱼病逐渐增多,如以车轮虫、斜管虫、鳃隐鞭虫等常见小型寄生虫引起的鱼病,以及白头白嘴病、白皮病等常见的细菌性鱼病。

在鱼苗入池前必须进行彻底清塘和采取措施防止敌害多途径入侵;在培育后期,一旦发现病害需要及时对症治疗并及时分塘。

3. 鱼苗拉网锻炼

鱼苗下塘20天后,一般已达3cm左右,体重增加了几十倍乃至上百倍,它们要求有更大的活动范围。同时鱼池的水质和营养条件已不能满足鱼种生长的需要,应及时分塘转入下阶段鱼种养殖。

出塘前要拉网锻炼,锻炼的目的是增强鱼的体质,提高分塘和运输成活率。因为拉网使鱼受惊,增加运动量,使肌肉结实,并增强各个器官功能。同时,幼鱼密集在一起,相互受到挤压刺激,促使分泌大量黏液和排出粪便,增加耐缺氧的能力,大大减少运输过程中黏液和粪便的排出量,有利于保持运输水质,提高夏花运输成活率。另外,拉网锻炼还可以发现并淘汰病弱苗,清杂除野,安排生产。

鱼苗拉网锻炼时,为使鱼体不受伤或少受伤,力争使网内鱼群自动游进箱内。选择晴天的上午9:00左右进行,拉网前应停食,拉网速度要慢些,与鱼苗的游泳速度相一致,并且在网后用手向网前撩水,促使鱼苗向网前进方向游动,否则鱼体容易贴到网上，特别是第一次拉网，鱼体质差，更容易贴网。第一次拉网将夏花围集网中，提起网衣，使鱼在半离水状态密集 10～20s 后放回原池。如夏花活动正常，隔天拉第二网，将鱼群围集后，移入网箱中，使鱼在网箱内密集，经 2h 左右放回池中。在密集过程中，须使网箱在水中移动，并向箱内撩水，以免鱼浮头。若要长途运输，应进行第三次拉网锻炼。

4. 夏花鱼种质量的鉴定

优良的夏花鱼种应该规格整齐，头小背厚，体色光亮，体表润泽，无寄生虫。游泳活跃，喜欢集群，逆水性强，在容器中活动于水的下层，受惊动时反应敏捷。

5. 夏花鱼种的计数

夏花鱼种出塘销售或分塘饲养，都涉及数量问题，需要计数。目前，生产上常用的计数方法，多采用体积法和重量法两种。

(1)体积法。用适当的鱼盘或类似鱼盘形状、大小的塑料碗、搪瓷碗等器具，量出夏花鱼种盘数或碗数，再任选几盘或几碗过数，求出每盘或每碗的平均尾数，最后计算总尾数。

(2)重量法。先用鱼桶加少许清水，称其重量(皮重)，然后将网箱中的夏花鱼种集中，用抄网捞取鱼种放入桶内称重，计算出鱼种净重，最后通过单位重量的尾数计算总尾数。

第三节 鱼种培育技术

夏花阶段鱼体仍然幼小，对敌害生物的防御能力和觅食能力均较弱，若直接放入大水面或鱼池内饲养，其成活率将会大大降低，并浪费水体。因此，需要将夏花再经过一段时间较精细的饲养管理，养成大规格和体质健壮的鱼种，供池塘、湖泊和水库等大水体放养之用。

鱼种培育分 1 龄鱼种培育和 2 龄鱼种培育。1 龄鱼种培育

即从夏花分塘后养至当年年底出塘或越冬后开春出塘。根据养殖目标和放养密度的不同，出塘规格也不一样。一般若长途运输到外地，则出塘规格较小，为6.5～10cm，以便于高密度运输；出塘规格为15～20cm（50g左右），可供当地培育2龄鱼种，或直接在食用鱼池套养。

2龄鱼种培育是指1龄鱼种经过越冬后，翌年继续进行培育，养到第二年年底，规格达到250g或500g左右，甚至达到1000g左右。2龄鱼种也可通过食用鱼池套养。

一、夏花鱼种放养前的准备工作

1. 清塘、消毒

在夏花下塘培育前，对鱼池同样需要清塘消毒，彻底杀灭鱼种直接或间接的敌害和病原体。清塘、消毒的基本方法与鱼苗培育相同，只不过鱼种培育期间，水体较大，水温较高，清塘药物应适当增加。

2. 进水、施肥

当清塘药物毒性消失后，同样需要施用有机肥，培植鱼种的天然饵料，即浮游植物、浮游动物和底栖生物，使夏花鱼种入池后就能吃到适口饵料。一般在夏花放养前10天左右，施粪肥200～400kg/hm^2，也可以添施少量氮、磷等无机肥料，如施氨水75～150kg/hm^{2}或硫酸铵37.5～75kg/hm^2，过磷酸钙15～22.5kg/hm^2。

二、夏花放养

1. 放养密度

夏花放养密度需根据养殖目标、池塘条件、饲料情况和技术水平等多方面因素决定。如鱼种外销，为了提高运输成活率，培养鱼种的规格宜小些，因此放养密度可大些；如鱼种是就近放养，一般要求个体较大的鱼种，夏花放养的密度就须小些。如需获得尾重50g左右的鱼种，则投放夏花15万尾/hm^2左右；要求获得尾重50～100g的鱼种，投放夏花7.5万～12万尾/hm^2；要求获得尾重250～500g的大鱼种，则投放尾重50～100g的一龄鱼种4.5万尾/hm^2左右，即培育二龄鱼种；要求获得8～10cm长的小鱼种，则投放夏花22.5万尾/hm^2左右。

同样的出塘规格，鲢鱼、鳙鱼的放养量可较草鱼、青鱼大些，鲢鱼可较鳙鱼大些。池塘面积大，水较深，可适当增加放养量。

各种鱼的生长规格，既受池鱼总密度的影响，又受本身群体密度的影响。因此，总密度相同，而混养比例不同时则生长也不一样，通过调节混养比例，可以控制出塘规格。如果以鲢为主养，鲢鱼应占60%～70%，搭配鳙鱼8%～10%和草鱼（或青鱼）20%～30%；如果以草鱼为主养，草鱼应占60%～70%，搭配鲢鱼20%～30%和鳙鱼8%～10%；如果以青鱼为主养，青鱼占60%～70%，搭配鲢鱼20%～30%和鳙鱼8%～10%。鳙鱼在池塘中的自然生产力很低，一般较少主养，如果主养鳙鱼，鳙鱼可占60%～70%，搭配20%～30%的草鱼或青鱼。

在确定混养比例时，还应结合池塘的水源、水质、饲料和市场情况等确定主养对象，做到主、次分明，便于饲养与管理。

2. 混养

主要养殖鱼类在鱼种培育阶段，各种鱼的活动水层、食性和生活习性已明显分化。因此可以进行适当的搭配混养，以充分利用池塘水层和天然饵料资源，发挥池塘的生产潜力。同时，混养还为密养创造了条件，在混养的基础上，可以加大池塘的放养密度，提高单位面积鱼产量。混养还能做到不同鱼类之间的彼此互利，如草鱼与鲢鱼或鳙鱼混养，草鱼的粪便及残饵分解后使水质变肥，繁殖浮游生物可供鲢鱼、鳙鱼摄食，鲢鱼、鳙鱼吃掉部分浮游生物，又可使水质不致变得过肥，从而有利于喜在较清水中生活的草鱼的生长。

鱼种混养的种类，一般采取中下层的草鱼、青鱼、编鱼、鲂鱼、鲤鱼、鲫鱼等与中上层的鲢鱼、鳙鱼以2～3种或4～5种鱼混养。其中以一种鱼为主养鱼（主体鱼），比例较大。鱼种池的主养鱼应根据生产需要来确定，混养比例则按鱼的习性、投饵施肥情况以及各种鱼的出塘规格等来决定。一般主养鱼占60%左右。

鱼种混养时，生活在同一水层的鱼，要注意它们之间的搭配比例。一般鲢鱼、鳙鱼不同池混养，草鱼、青鱼不同池混养，因鲢鱼比鳙鱼、草鱼比青鱼争食力强，后者因得不到足够的饵料而成长不良。即使要混养也必须以前者为主养鱼，后者只许放少量（如鳙鱼一般在20%以下）。

根据夏花食性明显转化和池塘天然饵料生长规律，对混养的品种不能一次性放养到位。尽管草鱼、青鱼、鲤鱼、鲫鱼、团头鲂和鳙鱼的食性已基本分化，但在鱼种培育早期均喜食各类大型浮游动物，所以首先放入这些鱼类，让其摄食水中浮游动物，有利于浮游植物大量繁殖，7～10天后投放鲢鱼，使鲢鱼同样也能获取大量天然饵料。这样每种鱼入池后都能各得其利，生长快、体质好，为进一步生长打下良好基础。

3. 鱼种的饲养管理

鱼种培育时期鱼体逐渐长大，摄食量增加，且生产中大都采取密养方式。因此，靠天然饵料已不能满足池鱼摄食的需要，必须投喂人工饲料。即每天、每万尾鱼种投喂精料1～2kg，并逐渐增加到3～4kg。投喂鲢鱼、鳙鱼时，以粉状料在鱼池上风处干撒于水面；投喂草鱼、青鱼、鲤鱼、鲫鱼、团头鲂时，则用少量水调湿，条状投于水下坡滩上。投饵时要坚持“定时、定量、定位、定质”的四定原则。正常天气，一般在上午8:00～9:00和下午2:00～3:00各投饵1次。在初春和秋末冬初水温较低时，一般在中午投饵1次。夏季如水温过高，下午投饵的时间应适当推迟。在生长旺季，投饵量占鱼总体重的5%～8%，其他季节适当减少。每日的投饵量要根据水温高低、天气状况、水质肥瘦和鱼类的摄食情况等灵活掌握。投饵必须有固定的位置，使鱼类集中于一定的地点吃食。这样不但可减少饵料的浪费，而且便于检查鱼的摄食情况，便于清除残饵和进行食场消毒，在发病季节还便于进行鱼体药物消毒，防治鱼病。具体操作是：投喂草类饵料一般用竹竿搭成三角形或方框，将草投在框内，便于草鱼、团头鲂吃食及清理残饵；投喂商品饲料可在水面以下 30～40cm 处，用芦席或木盘（带有边框）搭成面积 1～2m² 的食台，将饵料投喂在食台上。一般每 3 000～4 000 尾鱼种设食台 1 个。也可将饵料投喂在池边底质较硬无淤泥的食场上（水深 1m 以内）。投喂的饵料必须新鲜，不腐烂变质，防止引起鱼病；饵料的适口性要好，适于不同种类和不同大小鱼的摄食。有条件的可制成颗粒配合饲料，以提高营养价值和减少饵料成分在水中的溶散损失。必要时在投喂前对饵料进行消毒处理，特别在鱼病爆发季节。

（1）草鱼的投喂。草鱼夏花的食性已经开始转变，可以按每千尾夏花每天投喂浮萍 2～4kg；20 天左右其体长可增长到 7cm 左右，每千尾每天投喂 10kg 小浮萍；体长 10cm 左右之后，改喂水草或细嫩的陆草。草鱼在 10cm 规格时，容易患出血病、肠炎病等病害，所以立秋之后减少投饵，适当加注新水并注意防病。越冬前投喂些精饲料，使其积累一定脂肪，增强体质，有利提高越冬的成活率。当草鱼与鲢鱼、鳙鱼混养时，每天必须先投草类，让草鱼先吃，然后再投喂豆渣等鲢鱼或鳙鱼的饵料，这样既能保证草鱼的摄食，又能保证鲢鱼或鳙鱼的摄食。

（2）青鱼的投喂。在青鱼夏花下塘前施基肥培养枝角类，下塘 2～3 天之后，用 2～3kg 豆渣或其他饵料引诱夏花到食场摄食，使之形成习惯。然后根据夏花的采食情况，每天上、下午各投喂豆渣 1 次，每次每万尾投喂 12.5～15kg。青鱼夏花体长逐渐增至 8cm 左右时，改喂磨碎的豆饼，每万尾 5～7.5kg/天，上、

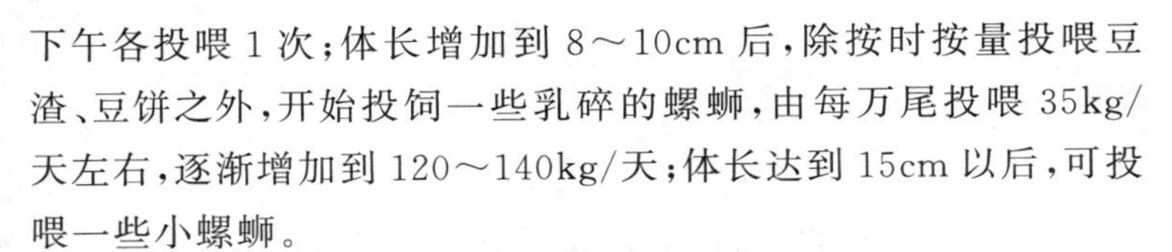

下午各投喂1次;体长增加到8～10cm后,除按时按量投喂豆渣、豆饼之外,开始投饲一些乳碎的螺蛳,由每万尾投喂35kg/天左右,逐渐增加到120～140kg/天;体长达到15cm以后,可投喂一些小螺蛳。

(3)鲢鱼的投喂。鲢鱼种以浮游生物为食,而且有特殊的滤食机制,鲢鱼夏花下塘前一定要施肥培养浮游生物,下塘后适当投喂人工饵料。下塘初期每万尾投喂豆渣1.5～2kg/天;下塘中、后期投喂磨细的酒糟或豆饼粉,每万尾投喂1kg/天,逐渐增加到1.5～2.0kg/天,直到10月中、下旬气温开始下降为止。

(4)鳙鱼的投喂。与鲢鱼投喂的要求相同,只是投饵量增大。若鲢鱼每万尾投喂豆饼2.0kg/天,则鳙鱼每万尾投喂豆饼应增加到3.0～3.5kg/天。

4. 鱼种的日常管理

每天早、中、晚各巡塘一次,观察水色和鱼的动态。如发现池水缺氧应及时注水或开增氧机。注意水质变化情况,经常清扫食台、食场,保持池塘环境卫生。

(1)改善水质。在鱼种培育过程中,水质、水位处在不断变化过程中。每月定期注、排水1～2次,使水位保持1.5m左右,透明度保持在30～35cm。

(2)调整投饵。鱼种培育过程中,通过鱼的活动状况、吃食状态、生长速度和气候变化适时调整投饵量和投饵次数,满足鱼种正常生长的需要。

(3)病害防治。随着鱼体日渐长大,病害逐渐增多。鱼种培育期间常见病害有细菌性白皮病、白头白嘴病、车轮虫病、鳃隐鞭虫病、斜管虫病等,以及水蜈蚣、水绵、水网藻等常见敌害;若水质恶化、天气突变,容易引起泛塘。因此,在管理中,每天坚持巡塘,经常清除池内杂草、腐败杂物,每2～3天清扫食场1次,每15天用0.25～0.5kg漂白粉对食场及附近区域消毒1次。

第六章　商品鱼养殖技术

目前，依据养殖水域来划分，我国商品鱼的主要养殖方式有池塘养鱼、流水池塘养鱼、围栏养鱼、稻田养鱼、大水面养鱼、网箱养鱼以及工厂化养鱼等。静水池塘养鱼是我国养殖商品鱼的主要形式。下面以池塘养鱼为例介绍商品鱼的养殖技术。

第一节　池塘的准备

一、水源及周围环境

水源是池塘养鱼的首要条件。既要有充足的水源，水质又要符合国家渔业用水标准。池塘最好建设在周围没有高大树木及房屋的开阔地带。在池塘养鱼过程中充足的阳光照射可以有利于池塘内浮游生物的大量繁殖和提高池塘水体温度。

二、池塘要求

成鱼养殖池塘的面积一般在 $1hm^2$ 左右，水深在 2～3m，以长方形为宜，其长宽比一般约为 2：1 或 5：3。长方形池塘有利于阳光照射；同时受风面积大，有利于增加水体的溶氧，减少鱼类浮头；有利于拉网操作。池底要求中间稍高周围略低，进水口与排水口方向要有 1：200 的斜度，便于排水。

第二节　放养前的准备工作

鱼种放养是商品鱼饲养的一个关键技术环节，它关系到商

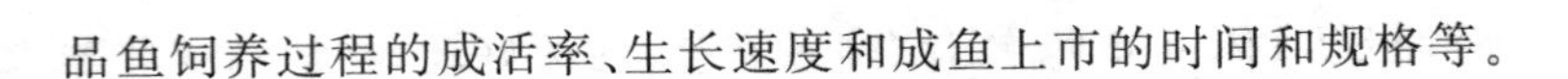

品鱼饲养过程的成活率、生长速度和成鱼上市的时间和规格等。

一、池塘的清整

清塘的目的是改善底质，减少泛池的危险；提高池塘肥度，提高鱼产力。主要是清除池底杂物、挖去过多的塘泥，平整池底，维修排水通道和拦鱼设施，消灭池塘中的有害生物等。

二、注水与施基肥

清塘5～6天后向池塘注水，注水时要用筛网过滤以防敌害生物进入池塘。初次注水水深在50～80cm，有利于水温的提高。为了提高水体鱼产力及增加水体浮游生物的生物量，在放养鱼种前要根据池塘条件施基肥。一般每公顷施粪肥或绿肥4 500～7 500kg，具体的施肥量根据水体状况决定。在施有机肥的时候一定先要进行充分发酵，一方面可以杀死大量的微生物，另一方面还可以通过发酵使有机肥料进一步分解，有利于浮游植物的利用。施肥时间一般选择在清塘5～6天后的晴天中午进行。

三、优质鱼种的选择

优良的鱼种在饲养中成长快，疾病少，成活率高，饵料转化效率高，是获得高产及高效益的前提条件之一。因此优质鱼种的选择对成鱼的饲养就显得非常重要。选择优质鱼种主要从鱼的品种和体质两方面考虑。

品种的优劣主要由亲鱼的遗传性状所决定。对于四大家鱼，目前一般认为从自然水体捕获的亲鱼由于近亲繁殖的可能性小，保持了天然的遗传性状，抗病力强；而对于鲤、鲫鱼种要看杂交亲本的亲缘关系，亲缘关系越远，杂交优势越大，在繁殖和生长上都有一定的优势。同时，杂交亲本选育越纯，杂交优势表现越强。

鱼种体质从鱼种体重和外观及活动状况就可以判断。体质好的鱼种规格整齐，同种同龄鱼种体重体长接近，体型正常，背部肌肉厚，体色鲜明，鳞片、鳍条完整；活泼好动，在池塘或容器中受惊立即下沉，并且都能逆水游动。

四、放养时间的确定

提早放养是高产的措施之一，放养宜早不宜迟。对于长江流域或以南地区冬季起捕以后应立即清塘放养。因为冬季水温低，鱼的活动能力弱，鱼种在捕捞和运输过程中不易受伤，同时放养后能有较长的适应期和恢复期，可以降低发病率，提高成活率。北方地区可以在秋季起捕以后放养，也可以在解冻以后水温稳定在5～6℃时放养。放养具体时间一般确定在晴天的中午或傍晚进行。

第三节　鱼种放养技术

一、放养规格

为了保证出塘规格、养殖期间成活率，提高鱼产量，一般要求放养大规格鱼种。由于我国各地区气候条件差异大，饲养方法不同，不同地区对放养规格有不同的要求。如对于青、草鱼养殖，由于我国南方气温高，池塘不结冰，鱼种越冬容易，一般放养500g左右的2龄鱼种；而北方地区由于越冬困难，一般当年鱼种就需要放入成鱼养殖池，其规格一般在50～100g。鲢鱼、鳙鱼一般放养50～100g的1冬龄鱼种，为了提高当年上市规格，目前也可放养2龄250g左右的鱼种。鲤鱼的放养规格一般25～50g，当年规格就可达到1kg的商品鱼。

二、鱼种消毒

放养过程中要防止鱼病传染和鱼体受机械损伤。放养前要对鱼种进行疾病检查和消毒（表6－1），防止疾病传播。为了减少鱼种在放养和运输过程中的机械损伤，在操作过程中要尽量使用光滑的容器，并且操作过程要尽量小心。

表 6-1　鱼种消毒药物的种类与浓度

药物种类	浓度	浸泡时间(min)
漂白粉	10mg/kg	20～30
硫酸铜	8mg/kg	20～30
食盐	3%	20～30

三、养殖种类搭配与放养密度

由于鱼类的栖息习性、摄食习性不同，可以将不同种类、不同规格的鱼混养于同一水体中。可以充分利用水体，增加放养量，降低养殖成本，增加池塘的产量，提高养殖经济效益。

1. 放养种类搭配原则

在混养模式中，按照养殖目的将放养鱼类分为主养鱼和配养鱼。所谓主养鱼就是投放、管理的主要对象；配养鱼则是在投放和管理方面处于次要地位的饲养鱼类。在放养数量上以主养鱼为主，而配养鱼放养较少；在饲养上以投喂主养鱼饲料为主，而配养鱼则投料少，或者不投料，只是依靠主养鱼的残饵或水中的浮游生物和有机碎屑为食。

主养鱼与配养鱼种类及搭配要根据不同的养殖方式、饵料来源、池塘的特点、当地的消费习惯等方面来确定（表 1-12）。如有机肥料来源充足、方便的地区可以鲢鱼、鳙鱼、罗非鱼等为主养鱼；草类资源丰富的地区可以草鱼、鲢鱼、团头鲂等为主养鱼；贝类资源丰富的池塘可以青鱼为主养鱼。对于配养鱼，除了以鲢鱼、鳙鱼为主养鱼的池塘一般池塘养鱼都可以考虑搭配鲢鱼、鳙鱼，因为不管主养鱼为何种鱼类，鲢鱼、鳙鱼对主养鱼均没有太大的影响，同时还可以充分利用水中的浮游生物。另外，鲫鱼也是非常好的搭配种类，因为鲫鱼个体小，以摄食有机碎屑为主，对主养鱼影响也不大。对于小型野杂鱼多的池塘可适当放养一些肉食性鱼类，如乌鳢、鳜鱼、翘嘴红鲌等。

在主养鱼与配养鱼搭配过程中要考虑将不同栖息水层、不同食性的鱼类进行搭配。这样才能充分利用水体及各种饵料资源。

2. 密度的计算

放养密度应该根据池塘条件、水体估计鱼产量、鱼种的成活率以及放养鱼在养殖期间的平均增重等方面进行考虑。如水体较深、饵料充足、管理精细、技术水平高，池塘放养密度可以大一些；相反，水体浅、饵料受限、管理粗放、技术水平不高的池塘，放养密度则应小一些。同时，历年的放养量、产量、放养规格、捕捞规格等养殖经验也是计算放养密度的重要依据。如成鱼规格过大，单位产量不高，说明放养密度过小，应该适当增大放养密度；反之，如果成鱼规格过小，则应降低放养密度。

(1)单养放养密度计算公式

$$X=\frac{P}{W_2-W_1}\times K$$

式中：X ——某种鱼的放养密度，尾/hm^2；

P ——池塘估计鱼产量，kg/hm^2；

W_1——放养鱼种规格，kg/尾；

W_2——预期养成规格，kg/尾；

K ——养殖成活率，%。

(2)混养放养密度计算公式

$$X=\frac{rP}{W_2-W_1}\times K$$

式中：r——计划某种鱼产量占总产量的比例，%；

X ——某种鱼的放养密度，尾/hm^2；

P ——池塘估计鱼产量，kg/hm^2；

W_1——放养鱼种规格，kg/尾；

W_2——预期养成规格，kg/尾；

K ——养殖成活率，%。

四、轮捕轮放的套养鱼种技术

轮捕轮放是指一次或多次投放鱼种、分期捕捞、捕大留小或捕大补小的养殖方法，是提高池塘产量的重要措施。

1. 轮捕轮放的条件

有数量充足、规格一致的鱼种是实施轮捕轮放的首要条件。在养殖初期要具有大量大规格鱼种，而在养殖中后期则需要小规格或中等规格的鱼种，使各种规格的鱼种呈梯度生长。

轮捕轮放是一种高密度、高产量的养殖模式。只有当养殖鱼类密度较高时，采用轮捕轮放才能达到很好的效果。一般静水池塘载鱼量达到 5 000～7 000kg/hm^2，流水养鱼或具有较好增氧设备的池塘载鱼量达到 9 000～15 000kg/hm^2 时，应采用轮捕轮放的养殖模式。

良好的销售渠道和运输技术是实现轮捕轮放的保证。

2. 轮捕轮放的方法

(1)捕大留小。一次放足不同规格、年龄的鱼种，分期捕捞达到商品规格的食用鱼，不再补放鱼种。这种方法由于不能为翌年提供大规格鱼种，养殖过程中需要大面积的专用鱼种养殖池，因此目前很少被采用。

(2)捕大补小。一次投放 3～4 个不同规格的鱼种，当大规格鱼种达到商品规格时及时捕捞，同时再投放相同数量的小规格鱼种。这样既能保证池塘内具有较高的载鱼量，又能为翌年的养殖提供大量大规格鱼种。

五、施肥与投饵技术

1. 施肥

施肥以有机肥为主，以无机肥为辅。有机肥能直接作为腐屑食物为鲫鱼等鱼类提供饵料，同时有机肥还能培育大量浮游生物为滤食性鱼类提供饵料生物。但有机肥耗氧量大，容易引起水质恶化或引起鱼类浮头，所以大量施有机肥时应该加强巡塘，如发现鱼类浮头必须及时注入新水或开增氧机。一般在早春和晚秋多施有机肥，在鱼类主要生长季节多施无机肥。

(1)施基肥。一般放养前施的基肥占全年施肥总量的50%～60%，每公顷施粪肥4 500～7 500kg。肥水池塘或多年养鱼池要适当少施或不施；新开挖的池塘则应适当多施。选择晴天的中午将发酵后的有机肥撒到池塘中，也可以将有机肥堆放在池塘四个角上。

(2)施追肥。根据池塘水质肥瘦状况来确定施加追肥。一般施追肥要坚持少量多次的原则，有利于防止池塘缺氧；同时施追肥应选择晴天中午进行。

2. 投饵

饵料是池塘养鱼的基础，正确的投饵方法不但是养殖鱼类健康、快速生长的条件，也是养殖场能否获得经济效益的关键。

(1)投饵计划。根据净产量和饵料系数来计算全年投饵量。例如，某养殖场鱼池面积1.5hm²，草鱼放养密度700kg/hm²，计划净增重倍数为5，即每公顷产草鱼700×5=3 500kg，投喂颗粒饲料的饵料系数为2.5，青饲料的饵料系数为35，并确定青草投喂量占草鱼净增重的2/3，则全年计划共需草料为：3 500×2/3×35×1.5=122 500kg，全年计划共需颗粒料为：3 500×1/3×2.5×1.5=4 375kg。

一年各月的投喂计划，应根据鱼类的大小、生长状况、水温情况等来确定。在养殖初期投喂量少，在生长旺季投喂多。每月投饵计划可以参考表6-2制定。

表6-2　池塘养殖饵料投喂各月分配比例

月份	4	5	6	7	8	9	10	11
分配比例(%)	2.5～3	7～8.5	11～12	14～15.5	18～20	20～23	16.5～18	4～5

(2)每日投饵量的确定。在每月投饵分配比例的指导下,制定每日的投饵量。但在养殖过程中不能盲目按照计划执行,要坚持“三看”,即看鱼、看天、看水。所谓看鱼,就是看鱼的生长状况、吃食状况。如果每次投饵很快被吃完,则应适当增加投喂量,相反应适当减少投喂量。所谓看天,就是看天气。天气晴朗温度较高则应多投,天气阴沉或下雨应少投。所谓看水,就是看水色。水色呈褐绿或草绿色,可正常投饵;水色过于清瘦可以多投,并施有机肥;水色浓并呈黑色,水质已开始恶化,应减少投饵,并加注清水。

(3)投饵方法。在池塘养殖过程中投饵要坚持“定时、定位、定质、定量”的四定原则。草料一般每天1～2次,并选择在上午或傍晚投喂。颗粒料一般4月和11月每日1～2次;5月和10月每日3次,可在每天9:00、13:00、16:00投喂;6～9月每日4次,可在每天9:00、12:00、14:00、16:00投喂。不同养殖场可以根据本地区的日出、日落的差异适当调整投喂时间,保证在日落前所投饵料被摄食完为准,但每天应准时投喂。每次投喂要固定食场,不能随意改变投喂场所。投喂草料时,则需将青草撒开,以免堆积腐烂。饲料要新鲜、适口、营养价值高;草料要去根、去泥;贝类要清洗干净无杂质。发霉变质的饲料绝不可以投喂,以免引起鱼类中毒。

六、养成期间的饲养管理技术

1. 水位的控制

放养初期的池水一般控制在1m深以下,池水温升高快,有利于浮游生物的生长繁殖。之后每天加注新水2～3cm,直到水深达到2.0～2.5m。高温季节池水应保持在2.5m深以上。不断向池塘注入新水,一方面可以增加水中溶氧,另外还有利于浮游生物的生长繁殖。补水时间一般选择在清晨3:00左右,此时池塘溶氧较低。

一般在6～9月的高温季节，每周排水2～3次，每次排水量为池水的1/20左右；每半个月大排一次，约为池水的1/5。排水的目的在于排出池塘中鱼类排泄物、残饵以及氨氮含量高的底层水。排水时间一般选择在清晨，此时水体分层明显，底层水几乎处于无氧状态。排水的同时还需要对食场进行冲洗。

2. 水质管理

(1)肥度。水体的肥度主要通过透明度来进行判断。如果透明度偏低可以通过注入新水或换水的方法提高透明度，在晴天的中午全池泼洒泥浆也可以降低水体肥度。如果水体透明度偏高则需要通过向水体施加有机肥和磷肥来降低水体透明度，即增加水体肥度。一般套养滤食性鱼类的池塘，为了提高滤食性鱼类的产量，全年透明度控制在20～40cm，并且应该两头小、中间大。即6月份以前因为水体中浮游生物对鲢鱼、鳙鱼适口，透明度应控制在20～25cm；6～8月，其他鱼类摄食旺盛，水中溶解氧较低，氨氮升高，为了保证水体具有较好的水质，透明度应控制在30～40cm；9月以后水温降低，水质转好，浮游生物大量繁殖，此时透明度应控制在25～30cm。

(2)溶解氧。水中溶解氧低，不但影响鱼的生长，甚至会引起浮头和泛池。养殖池塘溶解氧要求不低于4mg/L。生产上通常需要在晴天的中午开动增氧机，目的是使水体形成垂直对流，消耗表层过饱和的溶氧，缓解底层缺氧的状况，有效预防因为天气突然变化引起的泛池现象。另外，利用生物、化学增氧法也能达到增氧的目的。

(3)pH值。鱼类生长适宜的pH值一般在6.5～8.5，在中性偏碱性水域中鱼生长最好。正常情况下，由于池塘大量施有机肥，水体pH值容易偏低，可以用生石灰来调节pH值。生石灰不但能调节水体pH值，还能释放大量钙离子提高水体肥度。

3. 增氧机的使用

精养池塘由于饲养密度大，投饵多，池底有机质丰富，因此在养殖过程中常常会出现因缺氧引起的浮头或泛池。所以精养池塘必须配置大功率增氧机。目前多数养殖场采用叶轮式增氧机。增氧机主要有增氧、搅水和曝气的作用。晴天白天使用增氧机可以造成池塘水体垂直对流，把溶氧多的表层水传到底层，不但能增加底层水溶氧，缓解夜间或阴雨天气的缺氧状况，同时还能加速底质中有机质的分解。叶轮式增氧机通过搅动池水起到曝气的作用，能加速水中有害气体（如 H_2S、NH_3 等）向空气中扩散，从而达到改良水质的作用。

4. 记录与统计

在养殖过程中要坚持作好池塘日志。对各种鱼的放养及捕捞日期、数量、规格、重量，投饵施肥的种类与数量，以及平常其他相关工作记录在案，以便日后统计分析，为及时调整养殖措施、管理方法和制订生产计划提供科学依据。

5.“八字精养法”及其相互作用

“八字精养法”，是对我国池塘养鱼技术的总结，可概括为“水、种、饵、密、混、轮、防、管”八个字，是广大劳动人民智慧的结晶。

“水”是养鱼的环境条件，是鱼类栖息、生长的场所，水质必须适合养殖鱼类生活和生长的要求；“种”是鱼种，要质优、体健、量足、规格合适、品种齐全；“饵”是饵料或饲料，要营养完全、新鲜、适口、量足；“密”是放养密度，要高而合理；“混”是实行不同规格、不同年龄的多种鱼类混养；“轮”是轮捕轮放，能使养殖过程始终保持较合理的密度，以适应高产高效和市场的需求；“防”是做好防病工作；“管”是饲养管理，要精心科学。

这八个字有极其丰富的内涵，同时它们之间相互依存、相互制约。

第七章　鱼类越冬技术

第一节　越冬的环境条件

一、水文和物理状况

1. 水位与水量

水域封冰后，不冻层水位的变动主要取决于渗透流失和冰层的厚度。渗透流失主要依池塘底质而异；冰层厚度则由于温度逐渐降低而增加。水位的下降使池水逐渐减少，水温降低，溶氧减少，鱼类相对密度增大，从而引起鱼类死亡。因此，作为鱼类的越冬池必须要有一定的水深。一般情况下越冬水体冰下水深为2m左右，最低不冻水位应不少于1m，对于渗透的水体必须有补水条件。

2. 透明度

冰下水体的透明度通常比明水期大，一般在50～100cm。这是由于水温低和缺少营养盐类，使浮游植物量下降；冰下水体不能形成风浪，泥沙及悬浮物减少，也增大了水体的透明度。但有些越冬池由于藻类大量繁殖，透明度则低于30cm。

3. 水温

由于水在4℃时密度最大，所以越是接近4℃的水越是向底层分布。水体封冰以后，气温的变化只影响到冰的厚度。冰下水温依据距离冰层的远近而呈垂直分布现象。不同深度，水温也不同。

4. 冰下照度

在正常情况下，冰下水体都会有一定照度。照度的大小与冰的透明度有密切的关系。明冰的透光率可达30%以上，最大为63%；乌冰的透光率一般为10%左右，最大为12%；覆雪20～30cm冰面的透光率大大降低，仅为0.15%。明冰下照度值在晴天中午前后最高，能满足藻类光合作用的需要。乌冰对水体透光率有一定影响，应加以改造。覆雪冰面对透光率影响最大，应予以铲除。

5. 底质对水质的影响

越冬水域的底质对水的化学成分有一定的影响，尤其是封冰后，底质对水质的影响就更大，主要表现在对水中气体状况和pH值的影响。底质中有机物分解消耗氧气，放出二氧化碳，产生硫化氢，同时使pH值降低。池底淤泥的厚度对溶氧影响很大，表现为淤泥的密实程度及淤泥中含易分解的有机物的多少。淤泥越稀耗氧越严重，所以在越冬注水前将池水排干，用生石灰消毒并晾晒一定时间，不一定清除底泥。

6. 水源与水质

对越冬池的水源要进行慎重调查，必要时要进行化学分析，作为水源必须水量充足，并且易于控制水量，以便根据需要随时将新鲜清水注入越冬池。对越冬池水源的水质也有一定要求，如果水源水质不符合渔业水质标准，不能勉强使用，以免造成不良后果。含铁及有机物含量高的水体应特别引起重视。

二、化学状况

1. 溶解氧

越冬水体溶解氧的来源：一是封冰时原水体所储存的氧量；二是水体中水生植物光合作用产生的氧量。越冬水体溶氧的主要来源是水生植物的光合作用，而其光合作用产氧能力与冰的透光性，水生植物的种类、数量密切相关。

2. 二氧化碳

在整个越冬季节，由于有机物的分解，水中动、植物的呼吸作用，使水中二氧化碳含量逐渐增加。在封冰的情况下，不可能向空气中扩散，因此在浮游植物少的水域，二氧化碳的含量有很大的增长。

3. 硫化氢

封冰后在缺氧的情况下，由于还原细菌的作用，水中的硫酸盐还原和有机物的分解产生硫化氢。硫化氢是一种有毒气体，对鱼类有直接毒害作用，同时它容易被氧化，消耗水中氧气，使溶氧迅速下降。硫化氢具有一股臭鸡蛋的气味，打开冰眼后很容易弥散出来，因此，如果能闻到此气味，说明已经有硫化氢产生。越冬水体硫化氢的产生是底层缺氧的重要标志，应及时采取措施。

4. pH 值

越冬水体 pH 值的变化没有夏季那样明显，相对比较稳定。一般情况下，pH 值逐渐降低，由弱碱性变为中性或弱酸性，这是由于二氧化碳逐渐增加的缘故。但在利用生物增氧越冬的池塘，由于水体氧气不断积累，pH 值有明显升高。

5. 营养盐类

在冰下水体，由于有机物的分解矿化作用，可能会使营养盐类有一定的提高。但是，在利用生物增氧越冬的水体，由于浮游植物的生长，会使水中营养盐类明显减少，特别是磷的含量应特别注意。向缺乏营养盐的越冬池中施化肥，会使浮游植物量明显增加。

三、生物状况

1. 浮游植物

利用生物增氧的越冬池，冰下浮游植物的特点是种类少、生物量较高、鞭毛藻类多。一般认为越冬水体透明度在 50～80cm，浮游植物生物量在 10～30mg/L 为好。

2. 浮游动物

浮游动物除消耗溶氧外，有些种类能摄食浮游植物，特别是剑水蚤和犀轮虫，是生物增氧越冬的重要敌害。冰下水体常见的浮游动物有轮虫、桡足类和原生动物。越冬池的底质和水源是影响浮游动物组成和生物量的主要因素。

第二节　影响鱼类越冬成活率的主要因素

一、溶氧与水量

一般情况下，越冬水体严重缺氧是越冬鱼类死亡的主要原因。造成缺氧死鱼的原因是多方面的。

(1)利用没有经过改造的天然小水泡、湖沼进行鱼类越冬，因沼泽化程度大，水草多，水体淤泥厚，水中溶解性有机物较多，故冬季耗氧量过多，易造成水域严重缺氧。凡是不经过改造的天然水体，又无水源补充或缺少有效的补养措施，是不能用作养殖鱼类越冬的。

(2)越冬池渗水严重以及越冬池中野杂鱼多，鱼类越冬密度过大而引起缺氧。有些越冬池底质疏松，多为砂石，冬季渗水量过大，不但相对增加了池鱼的密度，而且水量少，水中溶解氧也相对减少。

(3)越冬期间有污水流入越冬池，增加了耗氧因子，使溶氧明显降低。

另外，含有机质、有机酸或含铁离子较多的水，流入越冬水体后都能很快地消耗大量溶氧，使越冬池水体缺氧，导致越冬鱼类死亡。

二、越冬鱼类的自身状况

养殖鱼类能量的消耗，主要是靠越冬前体内脂肪的积累。因此，秋季鱼育肥不好，鱼体消瘦，就不能保证其在漫长冬季对脂肪的消耗，鱼类容易死亡；越冬期间鱼类活动量大，消耗能量多，体质太差，易造成鱼类的死亡，特别是越冬期过长的地区更为严重；在并池、越冬、运输、拉网等操作过程中使鱼类造成机械损伤，不但影响鱼类体质，而且易使鱼体受伤染病。

三、越冬管理措施

越冬水体管理不善，会影响鱼类越冬成活率：越冬前没有进行清野除害，越冬期间一些冷水性鱼类会给越冬鱼类带来威胁；越冬期间冻裂闸门或溃堤，使池水减少或发生鱼类外逃；越冬水体缺乏专人精细管理，不注重对溶氧和水位等进行检测，发生缺氧使鱼类窒息死亡；发生渗漏引起水位下降，水量过少而使鱼类冻死。越冬期间要加强管理，发现问题及时解决，以免贻误时机而使鱼类死亡。

第三节　提高鱼类越冬成活率的措施

一、增强越冬鱼的体质

选择和培育耐寒的优良品种；鱼类在越冬前要精心喂养，增加鱼体脂肪积累，提高满肥度；严格进行鱼体消毒，尽量减少病、伤鱼进入越冬水体。

二、合理安排越冬密度

鱼类在冰下越冬需要有一定的水体环境和溶氧量。如果越冬鱼类密度过大,不但会造成缺氧死亡,而且给鱼病的传播提供了方便。但是密度过小又不能充分发挥越冬池应有的生产效能,造成水体浪费。决定越冬密度的主要依据是水中含氧量的多少、越冬种类、规格大小、水面大小及管理措施等,同时还应注意越冬池渗水情况、冰冻最大限度时的有效越冬水面、其他耗氧因子多少、越冬期长短等因素。

三、加强越冬管理

选择良好的越冬水域,创造良好的越冬环境条件是保证鱼类安全越冬的前提。鱼类越冬期间,要有专人测定水中溶氧及冰下水位的变化,发现问题及时处理,特别是冬至到春节期间更应注意。要经常观察水色、透明度、水温、冰层的变化情况;要注意闸门是否渗漏;要防止一切污水进入越冬池;防止越冬场冰面车、马和人经常走动,在越冬场附近不应放炮,以免惊扰或震伤鱼类;尽量缩短越冬时间;水温较高(7℃)时,应进行少量投喂。

第八章 饲料及其投喂

第一节 养鱼饲料

一、鱼类饲料的简介

饲料是饲养动物的物质基础，凡是能为饲养动物提供一种或多种营养物质的天然物质或其加工产品，使它们能正常生长、繁殖和生产出各种动物产品的物质，均被称为饲料。水产养殖中投喂的饲料习惯上也称为饵料。

我国鱼类饲料的发展过程，概括起来就是：从依靠天然饲料到依靠人工饲料，从单一饲料到配合饲料，从草类化模式到鱼牧结合模式。以往我国农村养鱼普遍采取“人放天养”的形式，即只投苗种不投饲料，少部分老养鱼区也只是“一把草、一勺粪”的简单投饲，因而产量非常低。20 世纪五六十年代，随着水产养殖业的大力发展，水产部门在总结群众养鱼经验的基础上，从两方面着手，大力推广科学养鱼技术。一方面推广大粪养鱼、大草养鱼、豆浆养鱼和堆肥养鱼。这些养鱼方法的同一原理就是培肥水质，繁殖水体浮游生物供鱼类摄食，因而通称为草类化养鱼。另一方面积极推广精养技术，即投喂各类饼、麸、渣、糟等精料。这种精养仍然属于单一饲料的饲养方式。随着生态养鱼(综合养鱼)的兴起，草类化养鱼模式逐渐被鱼牧结合模式所替代。鱼牧结合主要是指鱼猪结合或鱼鸭结合养殖。从20世纪70年代开始，小水体高密度精养技术获得发展，使用单一饲料投喂已无法满足养殖要求，因而研制出了配合饲料。配合饲料逐步替代了单一饲料，使水体单产成倍增加。由于单一饲料（包括混合饲料）有营养不全面的缺点，所以其饲料系数大、成本高。而配合饲料是以水生动物的营养需要为基础，把能量、蛋白质、矿物质、维生素等多种营养成分按比例合理搭配，再通过机械加工而制成的营养全面、适口性好的全价饲料。近一二十年来，我国水产饲料加工技术突飞猛进，新工艺、新技术、新设备层出不穷，尤其是计算机自控技术在饲料机械上的应用，使鱼类饲料在品种、质量和产量上都得到空前提高和发展。

饲料是发展养鱼生产的物质基础。在池塘养鱼生产中，除了施肥繁殖鱼类的饵料生物外，还必须投喂人工饲料，才能满足各种鱼类对食物的需要，以进一步提高鱼产量。投喂人工饲料有三点作用：第一，打破了池塘自然生产力的限制，可以大幅度提高鱼的产量。第二，投喂的饲料不仅能被吃食性鱼类直接利用，还能使这些鱼的排泄物起到施肥的作用，促进池塘饵料生物的繁殖，从而提高滤食性鱼类的产量。第三，投喂饲料饲养的多是优质鱼，因而使得养殖产品中优质鱼的比例大幅上升，产值日益提高。因此，要想促使池塘养鱼实现高产高效益，必须多途径解决饲料来源，科学地投喂饲料。

二、鱼类饲料的营养成分

鱼类饲料中主要含有五大营养元素，即蛋白质、糖类（碳水化合物）、脂肪、维生素和矿物质。

饲料的各种营养元素的生理功能详见表8-1。

表 8－1　饲料的各种营养元素的生理功能

营养元素	功能
蛋白质	蛋白质是动物生长和维持生命所必需的营养物质，是构成生物细胞的主要成分；蛋白质在生物体内所起的作用，不能由其他养分代替，必须从饲料中摄取；当饲料中缺乏能量时，蛋白质可以转化为热源；鱼类对蛋白质的需求较高，是哺乳动物和鸟类的 2～4 倍
碳水化合物	碳水化合物可分为粗纤维和无氮浸出物（糖和淀粉）两大类，主要功能是产热，是鱼类等动物的能量来源。供应充足时，可减少鱼体内蛋白质的分解，有保存和节约蛋白质的作用
脂肪	脂肪的功能和碳水化合物相似，主要是产热。它比同等量的碳水化合物产生的热能多 2.25 倍。在营养学中，它是鱼体主要的能量来源和组织细胞的构成成分，同时它又是脂溶性维生素 A、D、E、K 的载体，并供给鱼类必需的脂肪酸等
维生素	维生素是维持鱼类正常生理机能不可缺少的重要物质，参与调节及控制机体内各种新陈代谢的正常活动，提高机体对疾病的抵抗力。缺少它，会导致体内某些酶类失调，造成代谢紊乱，影响某些器官的正常机能，轻者生长减慢，重者生长停滞，以及引发各种维生素缺乏症
无机盐矿物质	无机盐矿物质参与蛋白质构成体组织和补充体成分的消耗。饲料中的无机盐可以提高鱼类对碳水化合物的利用，促进鱼体骨骼、肌肉等组织生长，提高鱼类食欲，加快鱼类生长等

第二节　饲料的种类

养鱼饲料的种类按其来源大致可分为水体天然生物饵料、青饲料、精饲料和配合饲料四大类。

一、水体天然生物饵料

池塘中可作为养殖鱼类饲料的天然饵料主要有浮游生物、底栖动物、细菌和碎屑、附生藻类等，下面分类介绍。

1. 浮游生物

在水层中浮游生活，没有游泳能力或游泳能力很弱，只能依赖水流而移动的生物称为浮游生物，可分为浮游植物和浮游动物两大类。

池塘中的浮游植物主要由蓝藻类、隐藻类、甲藻类、金藻类、黄藻类、硅藻类、裸藻类和绿藻类等庞大种群组成。在池塘养鱼生产中，由于池塘水体小，易受施肥和投饲的影响，其中的有机物质较为丰富，所以池塘中的浮游植物喜有机物质的种类较多，如绿藻类中团藻目的种类以及裸藻类、蓝藻类等。养殖鱼类中的鲢鱼终生以摄取浮游植物为主，细菌聚合体和腐屑也是其天然饵料，所以浮游植物与鲢鱼产量的关系最为密切。浮游植物又是浮游动物和一些底栖生物的食物，因而是水体最基本的食物源泉。浮游植物几乎是养鱼池塘中唯一的初级生产力，它既决定着水体天然饵料的丰度，又是水体溶氧的主要来源。

池塘中的浮游动物主要由众多的原生动物、轮虫、枝角类、桡足类这四大类及其他甲壳类动物的幼体构成。在池塘养鱼生产中，同样由于池塘水体小，易受施肥和投饲的影响，所以池塘中的浮游动物也是喜有机物质的种类较多。例如，原生动物中的砂壳虫、表壳虫、钟形虫等，轮虫中的臂尾轮虫、龟甲轮虫、晶囊轮虫等，枝角类中的长刺蚤、美女蚤、裸腹蚤等，桡足类中的镖蚤和剑蚤等都能大量繁殖生长。养殖鱼类中的鳙鱼终生以摄取浮游动物为主，浮游植物和细菌聚合体也是其天然饵料。浮游动物大多是滤食性的，除浮游植物外，细菌和腐屑等食物的多寡决定着浮游动物的总量。在一般肥度的池塘中，浮游动物与浮游植物的生物量比值约为(1∶4)～(1∶3)。从这点看，所谓“一鳙三鲢”的传统混养比例是有道理的。

我国池塘养鱼是以肥水、混养、密养为特点的，由于水中溶解有机物质和营养盐十分丰富，浮游植物量很多，水色很浓。一般认为红褐、褐绿、褐青(墨绿)和绿色的水较好,而蓝绿、深绿、灰绿、黄绿和泥黄色等则是水色不正常的劣水。池塘浮游生物生产量会随着鱼类放养密度加大而提高,并且随着鱼类的生长而增加。鱼类对初级生产力的作用机制主要有两方面:一是底层鱼搅动底泥,促进有机物质的分解,加速养分循环;二是鲢鱼、鳙鱼滤食浮游生物,改善光照条件,并促进水体的物质循环。

2. 底栖动物

池塘中的底栖动物包括环节动物(各种水蚯蚓)、软体动物(螺、蚬、蚌)、水生昆虫及幼虫(如摇蚊幼虫、蜻蜓幼虫)等。这些动物大都是青鱼、鲤鱼等的饵料,在池塘中具有一定生物量,为底层鱼提供了一定量的天然饵料。但与浮游生物比较,其对池塘生产力的作用就相差较远。养鱼池塘中底栖动物的生物量一般只有浮游动物生物量的20%~30%,有时甚至不足5%~10%,仅在某些低产池塘中两者生物量才会相近或者底栖动物量高于浮游动物量。施肥也能促进底栖动物生长繁殖,但作用没有对浮游动物明显。人工饲料和有机肥料可以直接被底栖动物摄食,从而提高底栖动物的生产量。但无机肥料必须通过浮游植物起作用,才能促进底栖动物生产量的增长,有时要到第二年才见效。

3. 细菌和碎屑

池塘中细菌的数量很大,每毫升水的含量一般为数百万个,甚至一两千万个。细菌不仅在池塘物质循环中起着主要作用,而且也是水生动物和鱼类的重要饵料。过去人们以为细菌仅附着于腐屑才被鱼类摄食,近年发现,池水中约有80%的浮游细菌聚结成为6μm以上的群聚体,可被鲢鱼、鳙鱼等直接滤食。池塘施肥和投饲可以大幅度提高细菌的种类、现存量和生产量。鱼类的生命活动能加快水中的物质循环,因此养鱼也可促进细菌的繁殖。浮游植物和细菌之间的关系比较复杂。一般藻类的胞外产物及死体的分解都为细菌提供养料，因此往往浮游藻类丰盛时，细菌数量也很大。但有些藻类，特别是某些蓝藻的胞外产物中含有抗生素，可抑制细菌的繁殖，这时浮游植物量很大而细菌却很少。但从整个饲养期来看，初级生产力较高的鱼池，细菌的数量和生产量也较高。有资料表明，人工投饲的养鱼池塘，细菌生物量可达到浮游植物的2.2～9倍，生产量可达到1.8～9.3倍。

腐屑通常是指生物尸体经细菌分解后形成的大小不等的有机屑粒。因此，腐屑上总附生着细菌。作为天然饲料，腐屑和细菌是难以分开的。细菌附生在腐屑上，聚集起来类似群体，加大了作为饲料的价值。此外，在腐屑上还附生有藻类、原生动物和轮虫等，这就使得本身营养成分不全面的腐屑成为鱼类和其他水生动物的重要食物。由于细菌的分解作用，腐屑不断地释放小气泡附着其表面，使自身悬浮在水中。在池塘水体中，悬浮腐屑的质量通常远超过浮游生物的质量，特别是大量投放入工饲料和有机肥料的高产鱼塘，腐屑约占有机悬浮物干重的60%～84%。

4. 附生藻类

池塘中还有附生藻类，它也是水体中天然饵料的重要组成部分。附生藻类的主要种类有蓝藻、硅藻和绿藻等，一般附着在底泥表面，呈蓝绿、绿褐、黄褐等颜色。大型的丝状绿藻（青泥苔）也附生在池底。天热时，这些附生藻类常与底泥一起浮至水面，成为许多片状浮泥。附生藻类是鲮、鲻、鲴等鱼类的主要食料，常与腐屑、泥土等一起被鱼吞食。

二、青饲料

青饲料是池塘养鱼的重要饲料源之一。对草食性鱼类来说，青饲料的作用显得尤为重要。用青饲料养鱼可以说是“以草换肉”，经济效益较高。用于养鱼的青饲料种类很多，水生植物种类中，主要有“三萍”(芜萍、浮萍、红萍)、“三水”(水浮莲、水葫芦、水花生)、眼子菜、苦草、轮叶黑藻等。陆生植物种类中，有禾本科的稗草、狗尾草、狼尾草，豆科植物的茎、叶和种子，菊科的苦荬菜(苦莴苣)以及各种废弃菜叶和瓜蔓、瓜叶、甘薯蔓叶、马铃薯茎叶等。

解决养鱼所需的青饲料，主要靠“种、养、找”三结合的办法。过去，以外找的野杂草所占比例大。随着养鱼生产的迅速发展，天然青饲料的质和量已不能满足养鱼的需要，各地已陆续开始依靠种、养青饲料来养鱼。目前，主要种养的青饲料有“三萍”“三水”“三草”“一菜”。

(1)“三萍”。“三萍”是指芜萍、浮萍和红萍(紫背浮萍)，均属浮萍科植物，浮生于水面，是草鱼、鳊鱼等鱼类鱼种阶段的主要饲料。芜萍较小而嫩，最适于作为草鱼种的饲料。用芜萍饲养的草鱼种，体质健壮，规格一致。当草鱼种长到7cm左右，便改投浮萍、红萍等较大的饲料。鱼体更大一些时，便可投喂其他水草和陆生草类。

(2)“三水”。“三水”是指水浮莲、水葫芦和水花生，都是高产的水生植物，适应性强，在浅塘、水沟、小河、湖湾和积水的低洼地均可种植，而且这些植物粗生易长，大量种植对解决鱼类青饲料有很大帮助。若把这三种水生植物直接投喂，鱼类不喜摄食，一般需进行加工，如切碎、煮熟，或经过微生物发酵处理，使之变得柔软且有香味，鱼群喜食。

(3)“三草”。“三草”是指象草、苏丹草和黑麦草，这3种草都适宜在塘基等杂边地种植，草鱼喜食。“三草”营养丰富，是鱼塘配套种植的优质青饲料。

(4)“一菜”。“一菜”指苦荬菜。苦荬菜适应性广，具有耐寒、耐热、耐肥、再生力强等特点，适宜秋冬季种植，茎叶柔嫩多汁，是草食性鱼类喜食的青饲料。冬季可在塘基种植苦荬菜作为养鱼青饲料。长江流域采用苏丹草、黑麦草和苦荬菜搭配种

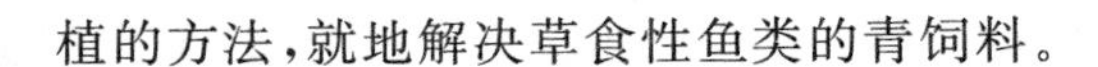

植的方法，就地解决草食性鱼类的青饲料。

三、精饲料

精饲料是指具有一定商品价值且营养成分较高的饲料。常用的精饲料有谷实类、饼粕类、糠麸类、糟渣类等植物性饲料，还有一部分动物性饲料、微生物饲料等。

1. 谷实类

常用于养鱼的谷实类饲料有玉米、小麦、稻谷等。这类饲料的特点是蛋白质含量较低（一般为10%左右），必需的氨基酸较少，而淀粉含量较高，被称为能量饲料。

(1)玉米。粗蛋白含量为7%～8%，富含淀粉、脂肪、胡萝卜素、维生素A，可作为鱼类的能量饲料，整粒浸泡变软后喂鱼，或粉碎后喂鱼。

(2)小麦。粗蛋白含量为11.3%，营养价值优于玉米、稻谷，是较好的能量饲料，但可消化能稍低于玉米，一般很少用整粒小麦投喂，而以喂小麦粉、小麦芽（浸泡后让其发芽）较好。

(3)稻谷。粗蛋白含量为7.5%～8.3%，含纤维素高，胡萝卜素、维生素A相对较少，饲料价值较低。单以稻谷喂鱼，饲料系数为5～8，经济上不大合算，但粉碎后可作能量饲料。鱼苗场多待稻谷发芽后饲喂亲鱼，促进亲鱼性腺成熟及产卵后体质恢复。

2. 糠麸类

常用于养鱼的糠麸饲料有米糠和小麦麸皮。米糠有玉糠和统糠之分。玉糠是稻谷在去壳后加工为大米过程中的副产品，其质量随大米精制的程度而异，营养成分含量高于大米。其中，粗蛋白含量约为15%，脂肪约为19%，而粗纤维约为10%，是养鱼的重要饲料源。统糠是直接加工大米时形成的糠，谷壳较多，粗蛋白含量仅为7%左右，粗纤维含量约为35%，且能量不足，较少用做养鱼饲料。

麸皮与玉糠的营养价值大体相当，也是养鱼的重要饲料。在生产上，糠麸主要用于饲养鱼种，也可作为罗非鱼和滤食性鱼类的部分饲料，或作为人工配合饲料的主要组成部分加以利用。如麸皮质地松散，常作为添加成分使用，用做分散剂。米糠含脂肪较多，容易变质，宜新鲜投喂，不宜长期储存。

3. 饼粕类

饼粕类饲料是粮油加工的副产品，是植物性饲料蛋白质的主要来源。常用于养鱼的主要有大豆饼、花生饼、菜籽饼、棉籽饼、米糠饼等。

(1)大豆饼。大豆饼是大豆压榨提油后的副产品，粗蛋白含量为40%～45%，赖氨酸含量特别高，约占干物质的2.18%，其他必需氨基酸也很丰富，生物学价值远高于谷物类。草鱼、罗非鱼对大豆饼所含粗蛋白的消化率在85%以上，以大豆饼作为主要蛋白源喂鱼，有较好的促进鱼类生长的效果。所以，大豆饼是饼粕类中的佼佼者。但需注意大豆饼中含有有害物质，应进行慎重的热处理去毒。

(2)花生饼。花生饼亦称花生麸，是花生榨油后的副产品，带香甜味，其粗蛋白含量为40%以上，是养鱼的优质饲料，也是养鱼常用的植物性蛋白源。以花生饼作为饲料时，最好事先进行热处理。这是因为花生饼易染黄曲霉素，这种毒素不仅危害水生动物，而且影响产品的质量和安全。

(3)菜籽饼。菜籽饼的粗蛋白含量为30%～35%，也是重要的饲料蛋白质来源。但菜籽饼含芥子苷类物质，水解生成异硫制氰酸脂等对家畜有毒的物质，一般限量使用。而作为养鱼饲料尚未发现有中毒现象，可直接投喂，也可用于配制颗粒饲料，养鱼效果良好。

(4)棉籽饼。棉籽饼的粗蛋白含量为大豆饼的80%左右，在养鱼饲料加工中成为大豆饼的主要代用品之一。但棉籽饼含有棉酚，对动物有毒，虽然对鱼类的作用并不大，但用量应以不超过20%为宜。

(5)米糠饼。米糠饼是米糠提油后的副产品。米糠含脂肪量高，用量过多亦会影响鱼肉的质量，但将油脂提出后，其粗蛋白含量可由14%提高到20%左右，且脂肪可大为下降，因而可成为鱼类较好的能量——蚕白饲料，米糠饼易于保存。

4. 糟渣类

在广大农村分布的糟渣类主要有豉渣、酒糟、制糖滤泥等，这些糟渣都可以直接投喂养鱼。例如，酒糟是虾蟹类的适口饲料，其营养价值因酿酒的目的和所用的原料而异，新鲜的啤酒糟可以直接用来喂鱼。但是，糟渣类容易发霉和腐败变质，使用时应注意，并要适当控制投放量，以免败坏水质，感染病菌。

5. 动物性饲料

我国池塘养鱼常用的动物性饲料主要有蚕蛹、鱼粉、血粉、肉骨粉和其他鱼、禽、畜下脚料。这些动物性饲料蛋白质含量高，营养成分完全，消化吸收率高，是上述植物性饲料不可比拟的。

(1)蚕蛹。蚕蛹是缫丝工业的副产品，蛋白质和脂肪含量都较高。用于养鱼时，一般以投喂新鲜或冷藏的蚕蛹为好。如要久藏，必须经脱脂干燥处理，以防变质。在鱼类配合饲料中，利用蚕蛹作为廉价动物蛋白源，养殖效果良好。但蚕蛹的用量不宜过多，如超过30%，会使鱼肉带有异味。在鱼起捕前半个月，应停止使用蚕蛹。

(2)鱼粉。鱼粉是目前养鱼饲料中动物蛋白的主要来源。优质鱼粉是由新鲜小杂鱼或鱼品加工副产品直接加工脱脂干燥而成的，其质量取决于生产原料及加工方法。一般蛋白质含量在50%左右，蛋白质生物价值很高，可消化蛋白质可达50%～60%，富含多种维生素，脂肪含量在5%～20%，盐分含量约4%，砂粒含量约4%以下。劣质鱼粉蛋白质含量低，脂肪、盐分含量高，而且常被掺入尿素、木屑等，此类鱼粉不宜作养鱼饲料用。鱼粉按加工原料差异有粗鱼粉、全鱼粉或红鱼粉、白鱼粉之分；按来源不同有国产鱼粉、进口鱼粉之分。

(3)血粉。血粉由动物血液经浓缩干燥而成，粗蛋白含量在70%以上，是一种优质动物蛋白饲料，但消化吸收率较差。

(4)肉骨粉。肉骨粉由不能食用的家畜禽尸体或屠宰时的各种脏器废品蒸煮加工制成，是肉类加工厂的副产品，一般呈灰黄、深棕色，其成分因原料来源不同而有差异。通常将粗蛋白含量较低、灰分含量较高的称为肉骨粉。肉骨粉含有较为丰富的蛋白质和无机盐等，粗蛋白含量为40%～65%，但蛋白质中赖氨酸含量不及鱼粉的50%，蛋氨酸仅及30%，选用时应注意。

四、配合饲料

鱼用配合饲料是依据鱼类的营养标准和饲料的营养价值，利用多种饲料的互补作用，按营养平衡的饲料配方配制，通过机械粉碎、混合搅拌、成型加工等流程而制成的商品饲料。使用配合饲料养鱼，投喂方便，营养全面，溶失较少，能有效地提高饲料的利用率。

1. 鱼用配合饲料的种类

鱼用配合饲料一般都加工成颗粒状，按选用的造粒机型和产品的物理性状分类，可分为软颗粒饲料、硬颗粒饲料和膨化颗粒饲料3种。

(1)软颗粒饲料。由绞肉机式的压力机所生产，特点是压制时加水量大(为饲料量的30%～40%)，压制的颗粒饲料质地松软，需经晒干才能储存和运输，一般适于养殖场自用。软颗粒饲料耐水性强且具有一定的浮性(与原料有关)，特别适合于饲养草鱼、团头鲂、罗非鱼等。

(2)硬颗粒饲料。一般采用环模或平模式压制生产，特点是压制时加水量少或只使用蒸汽。硬颗粒饲料一般为沉性，特别适于饲养鲤鱼和青鱼等。

(3)膨化颗粒饲料。加工机械与加工软颗粒饲料所使用的机械基本相同,但在搅龙部分加热,使饲料在制成颗粒的过程中温度升高至120～180℃,蒸汽压力很大,颗粒被压制出来时由于迅速减压而膨化。膨化饲料在水中呈漂浮状,便于观察和控制投饲量。但制作这种饲料要求使用20%以上的淀粉饲料,而且制作时耗电量大,成本较高,产量较低。

一般的颗粒饲料机只能生产直径2.5mm以上的颗粒饲料,而且颗粒越小产量越低,压制也越困难。因此,为适应饲养鱼种的需要,一般先用较大孔径的压模生产颗粒,然后使用一种简单的破碎机将其破碎成所需要的规格,并过筛选择备用。这种破碎颗粒是一种小颗粒配合饲料,而不是粉状饲料。

按饲料的营养水平和作用分类,配合饲料又可分为全价饲料、添补饲料、浓缩饲料3种。全价饲料又称完全饲料,其营养全面,配比合理,能满足鱼类生长的营养需要。添补饲料即营养补充饲料。鱼类除摄食添补饲料外,相当部分的营养需通过摄食天然饲料来满足。浓缩饲料是将矿物质、维生素和高蛋白饲料制成预混剂,使用时再与一定的能量饲料混合。

养鱼户使用配合饲料,主要是到鱼用饲料厂或市场购买,也可以自行生产。

2. 配合饲料的优点

与单一性饲料相比较,配合饲料具有以下优点。

(1)可以避免单一人工饲料因营养不全面而出现的弊端,发挥各种饲料营养成分的互补作用,从而提高饲料的利用率。

(2)可根据养殖鱼类的不同种类、不同生长阶段对饲料的不同要求,配制出不同规格的软硬适口的颗粒饲料。

(3)可根据各地实际条件,把一些不能为鱼类直接利用的植物,如秸秆、杂草、树叶等,经晒干、粉碎、发酵,作为配合饲料中的部分原料,有利于扩大饲料来源。

(4)将配合饲料压制成秆状或颗粒后,投喂时可减少饲料营养成分在水中的溶散损失,减轻饲料对水质的污染,也可提高饲料利用率。

(5)在加工配合饲料的过程中,有局部加温的作用,可使淀粉糊化以改善其营养价值,提高饲料的消化率。

(6)配合饲料中可掺入药物,预防鱼病;同时还可添加引诱剂等,以增加鱼类的食欲。

(7)配合饲料便于运输、储藏和投喂,省工省料,为自动化投饲和工厂化养鱼提供了有利条件。

3. 配合饲料的原料及配方原则

原料是配合饲料的基础,一般应从各地实际出发,因地制宜解决配合饲料中的能量和蛋白质的来源。配合饲料的原料主要来源于动植物性饲料,还包括适量的维生素、矿物质、添加剂等。

配合饲料的配制原则有以下 5 点。

(1)应根据各种鱼类对营养的需求,拟订出营养平衡的饲料配方,满足鱼类对饲料蛋白质、能量等的要求。配合饲料中要含有足够的必需的氨基酸、脂肪、维生素和无机盐,同时,不同食性、不同发育阶段的鱼类,要求饲料中含有不同量的蛋白质。配合饲料中的蛋白质比例应符合各种鱼类的营养需要。对配合饲料中的粗纤维含量要进行控制,以免影响其他营养素的吸收和使饲料总消化率下降。

(2)饲料的可消化性和适口性。要根据不同鱼类的消化生理特点、摄食习性与嗜好来选择适宜的饲料。配合饲料不应有特殊气味,而要有能吸引鱼类摄食的香味,因此可对原料进行预加工处理或加入引诱物质,使鱼迅速发现饲料,这样既可减少饲料在水中的损失,又可增进鱼的食欲。

(3)要防止饲料营养成分的散失。因为饲料在投入鱼塘后,首先受到水的浸溶,营养成分易被溶散,所以在饲料加工过程中应加入黏合剂。这就要求有与之相适应的饲料加工工艺。

(4)应考虑原料的来源、原料的成本,还有储藏、运输和使用等方面的问题。应尽量选用当地的营养丰富、价格低廉、来源广泛的原料来配制饲料，减少运输环节，降低成本。

(5)除必须考虑的饲料配方的营养指标外，还要注意饲料的质量。霉变的饲料不能用做原料；棉籽饼等有毒性的饲料，其含量不能超过有关规定的范围。

第三节　饲料投喂

一、鱼类对营养物质的要求

鱼类对饲料中营养物质的要求和其他动物一样，均需要蛋白质、脂肪、糖类(碳水化合物)等主要营养物质。不同种鱼类或同一种鱼类的不同生长阶段，对营养物质的要求不同。

饲料是养鱼生产的物质基础，占养鱼成本的首位。饲料的选用直接关系到鱼类养殖的成败。选用饲料，既要能满足鱼类生长所需要的营养物质，使鱼类不会因营养缺乏而导致疾病；并且要能较好地发挥养殖对象的潜在生长能力，达到较高的饲料转化效率和高产的目的。常用的鱼类饲料成分见表 8-2。

表 8-2　常用鱼类饲料成分表　(单位:%)

饲料名称	水分	粗蛋白	粗脂肪	粗纤维	无氮浸出物	灰分	磷	钙
黄豆	11.2	38.1	13.1	4.1	27.5	4.2	0.34	0.24
稻谷	13.67	8.16	2.31	6.95	64.19	4.72	0.27	0.03
蚕豆	10.4	20.8	1.6	7.5	50.9	2.8	0.37	0.65
高粱	11.48	6.6	2.97	2.19	47.11	2.65	0.25	0.07
玉米	13.2	7.0	4.6	1.5	72.2	1.6	2.10	0.31
大麦	12.58	11.77	1.9	4.34	66.19	3.22	0.38	0.22
豆饼	11.8	39.1	7.1	4.5	32.0	5.5	1.32	0.58
花生饼	11.3	38.4	8.2	5.8	29.5	6.9	0.58	0.33
菜籽饼	11.0	31.0	6.7	8.2	31.1	11.9	0.95	0.73
棉籽饼	9.3	35.0	6.0	10.1	30.3	7.3	1.16	0.40

（续表）

饲料名称	水分	粗蛋白	粗脂肪	粗纤维	无氮浸出物	灰分	磷	钙
芝麻饼	8.1	33.3	13.30	5.10	15.1	25.2	1.19	2.24
麸皮	13.1	10.9	3.7	8.9	55.3	5.3	0.98	0.16
米糠	11.8	10.8	12.0	8.2	47.0	10.0	5.53	0.32
大麦糟	70.20	6.54	3.24	4.23	12.74	3.05	—	—
甘薯糟	70.22	2.34	0.81	8.44	12.25	6.04	—	—
高粱酒糟	64.7	8.2	4.1	3.8	15.8	3.1	—	—
啤酒糟	76.9	6.9	1.6	3.8	9.5	1.2	0.06	0.06
豆渣	87.7	3.5	1.3	1.9	5.1	0.6	0.05	0.12
甘薯	74.6	1.6	0.4	0.6	22.3	0.6	0.07	0.06
象草	79.70	1.70	0.50	6.70	10.40	2.00	—	—
宿根黑麦草	87.41	3.98	0.81	2.07	4.86	1.50	—	—
苦荬菜	89.0	2.60	1.70	3.20	1.60	1.90	—	—
稗草	75.65	2.60	0.38	8.21	10.94	2.76	—	—
莴苣叶	92.9	2.30	0.60	10.70	2.60	0.90	—	—
青草	77.62	1.74	0.39	6.92	—	—	—	—
稻草	78.90	3.80	0.90	5.70	7.90	2.80	—	—
白菜	84.7	2.5	0.7	2.4	8.1	1.60	—	—
萝卜叶	89.9	2.4	0.6	1.1	4.4	1.60	—	—
南瓜叶	86.0	2.9	1.7	2.7	4.9	1.80	—	—
甘薯蔓	87.6	2.08	0.67	2.43	5.96	1.26	—	—
马铃薯茎叶	90.1	1.1	0.6	2.8	3.3	2.1	—	—
鱼粉（秘鲁）	9.8	62.60	5.3	—	2.7	—	—	—
鱼粉	12.70	36.10	2.3	—	2.30	—	—	—
肉骨粉（干）	6.50	48.60	11.6	1.10	0.90	—	—	—
蚕蛹（干）	7.30	56.90	24.9	3.30	4.00	—	—	—
羽毛粉（干）	8.20	83.3	3.7	0.60	1.40	—	—	—
血粉（干）	9.20	83.8	0.60	1.30	1.8	—	—	—
螺蛳	78.62	11.37	1.07	—	3.7	8.29	—	—
黄蚬	82.27	8.5	1.8	—	5.58	3.63	—	—

鱼塘能提供部分天然饲料，可补充鱼类所需的部分营养物质和能量，所以对人工饲料质量的要求可以稍稍降低一些（尤指某些微量营养成分）。但是，天然饲料的营养作用又因池塘养鱼密度不同而存在区别，鱼的密度大，存塘鱼数量多，这种营养作用便会降低。

饲料中的蛋白质含量是决定鱼类生长的首要因素。蛋白质既要用于鱼体增重、修补组织，又要作为主要的能源之一而被消耗，所以与家禽、家畜相比，鱼类对于饲料中蛋白质含量的要求较高。为此，应选用蛋白质含量丰富的饲料来养鱼，而不应把能量饲料当做主要的鱼用饲料。选用玉米、大麦等能量饲料当做主要鱼用饲料，是导致鱼类生长缓慢以及低产、低饲料利用率和低经济效益的主要原因。

以草食性鱼类为主养鱼的养殖类型，应该尽量多投喂草类饲料（种植青饲料、刈野草和水草），采用精饲料（主要指蛋白质含量在20%以上的饲料）和青饲料相结合的喂养方式，使精饲料和青饲料起到营养互补作用，提高饲料的营养价值和有效利用率。这种精饲料与青饲料相结合的饲养方式有利于加快草鱼生长，提高鱼产品质量，很适合我国国情，应大力提倡。

二、饲料投喂要求

1. 鱼类对饲料的消化吸收

摄食和消化吸收是动物补充营养的起点。鱼类将摄入的食物通过体内的消化系统进行消化吸收，把大分子的营养物质分解为可吸收的小分子物质，在消化道内生成大量的低聚糖、低聚肽、甘油酯、脂肪酸和氨基酸等的混合物。影响消化吸收的因素众多而且较为复杂，主要有以下5个方面。

（1）食性和消化率。一般来说，肉食性鱼类总消化时间较长，吸收率高，而草食性鱼类则相反。

（2）水温和消化率。鱼类是变温动物，因此，温度是一个很重要的环境因子。一般鱼类在适温范围内，随着水温的上升，消化酶活力增强，消化速度加快。

(3)饲料性状和消化率。饲料的物理性状也影响鱼类对营养物质的消化和吸收：质地均匀细腻的饲料，鱼类消化快；而粗糙不均匀的饲料，鱼类消化慢。

(4)投饲状况和消化率。投饲频率过度增加易使食物在鱼类消化道中的移动反射性加快，未被完全消化吸收的食物便会被排掉，因而使消化率降低。

(5)不同生长阶段。鱼类在不同生长阶段，其食性、酶的活性、运动习性、营养要求等都会有所不同。

2. 合理投喂饲料

在混养密放的高产鱼塘中，鱼类能得到的天然饵料是很少的。要使养殖鱼类得到充足的食物，较快速地生长，就必须合理投喂饲料，并辅以适量施肥，这样才能确保达到一定的养殖产量。要做到合理投喂饲料，就要求养殖人员正确掌握投饲技术，保证投下的饲料能让养殖鱼类吃到、吃好、吃饱，又不浪费，发挥饲料最大的生产效益。如果投饲过少，饲料中的营养物质只够用于鱼体的基础代谢和修补等，鱼类就无法生长，甚至变瘦减重；如果投饲过多，鱼类摄食过饱，易造成消化不良，有的甚至会胀死，并且过剩的饲料会恶化水质，反过来又影响鱼类的正常摄食与生长。因此，投饲必须恰当，才能发挥饲料的作用，达到增产目的。

(1)全年投饲计划的制定。为了做到有计划生产，确保饲料充足和均匀投喂，必须在放养鱼种时做好全年投饲计划。全年投饲量是根据养鱼的计划产量，各种鱼类的计划增加质量和饲料系数来确定的。由于池塘养鱼基本上都采取混养方式，混养的品种很多，各种鱼类同吃一个“灶”，而且吃食性鱼类与滤食性鱼类之间又有互利关系，因此在生产实践中，一般是依据现有的饲料种类(青饲料、精饲料和肥料)以及在饲养实践中已经取得的实际生产效果，规划全年的投饲量。

(2)月投饲量的确定。月投饲量是根据已确定的年投饲量，按放养时间的早晚，以一定的比例来确定的。1 龄鱼种的培育期在江浙一带为自 6 月中下旬放养起至 11 月起捕囤塘止。其中，7～9 月是鱼种生长的旺季，故这 3 个月的投饲量约占全年投饲量的 60%～70%。同时，以月投饲量为基础，还应计算出每旬的投饲量。鱼种的摄食强度随着水温的升高而加强，同时鱼种也在不断生长，故投饲量应不断增加。

(3)日投饲量的确定。每日投喂养鱼的饲料重量称为日投饲量，是以池塘中在养的吃食性鱼类的体重和水温为主要依据而确定的。在生产实践中，由于放养的鱼类日益生长，日投饲量必须随之调整。一般以 10 天左右为一个计算周期。计算公式是：

日投饲量＝在养吃食性鱼类重量×投饲率

投饲率是指在养的吃食性鱼类摄食人工饲料的重量占该类鱼体重的百分比。投饲率一般是依据水温和吃食性鱼类规格大小而定的：水温最适宜生长时投饲率高些，否则低些；规格小的鱼投饲率高些，否则低些。此外，投饲率与饲料的质量也有关系。全价饲料投饲率可低些，一般混合饲料投饲率要高些。

在养的吃食性鱼类总重量＝放种重量＋增重量－起水量

在上式中，放种重量和起水量都有记录可查，但增重量主要是凭借历年积累的经验来估计的。此外，也可以根据饲料系数计算出来。一般草鱼、鳊鱼体重每增长 1kg 约需精饲料 2kg 和青饲料 15kg，鲮鱼、鲤鱼、鲫鱼、罗非鱼体重每增长 1kg 约需精饲料 1.5kg，这样就可以根据投放饲料的记录计算出增重量了。

日投饲量还可以根据鱼种种类、天气、水质肥瘦、溶氧和吃食情况确定。可结合测定鱼种生长的情况估算出池塘的载鱼量，日投饲量可按鱼体重的 3%～5%计算，也可根据每次投饲量以鱼种能在 2～3h 内吃完作为投饲依据。

(4)投饲次数。投饲次数是指按照已确定的日投饲量进行投喂的次数。我国主要淡水养殖鱼类，多属于鲤科的“无胃鱼”鱼类，摄取饲料由食道直接进入肠道内消化，一次容纳的饲料量远不及肉食性有胃鱼类。因此，对草鱼、团头鲂、鲤鱼、鲫鱼等无胃鱼采取多次投喂的方式，可以提高消化吸收率和饲料效率。对0.6g鲤鱼的实验结果表明，在水温为27～32℃时，每天投喂8～10次可达最大增重，少于5次则增重较差。从生产实际出发，单养鲤鱼，每天以投喂7～8次为宜，随水温的下降投喂次数可适当减少。对于虹鳟、鳗鲡等有胃的肉食性鱼类，每天投喂1～3次就可达到最大增重率。我国的池塘养鱼普遍以鲤科鱼类为主，应以连续投饲为佳，但是由于养殖场生产规模比较大，限于人力等因素，每天投喂次数以3～4次为宜。

3. 灵活掌握实际投饲

计算出年、月、日投饲量，在实际生产中还要根据具体情况决定投饲的次数与数量，归纳为“四看”：看鱼吃食情况、看天气情况、看水质情况和看水温情况。

(1)看鱼吃食情况。鱼类开口摄食后，要对其摄食行为进行训练，细心地观察鱼类的摄食状态。一般情况下，养殖鱼类经过一段时间(约一周)的摄食训练，很容易形成摄食条件反射，养成集中摄食的习惯。应用配合颗粒饲料投喂，可清楚地看到鱼类的摄食状态，如草鱼和鲤鱼的摄食。当养殖人员一把一把地将饲料撒入水中时，鱼类会很快聚拢过来，集中到水面抢食，使水花翻动，而后分散到水下摄食，水面隐约出现水纹；鱼饱食后分散游开，水面逐渐平息。控制投饲量以使鱼类达到“八分饱”为宜，保持鱼有旺盛的食欲，以提高饲料效率。如果在投饲后，鱼很快吃完饲料，则应适当增加投饲量；如较长时间吃不完，剩饲较多，则要减少投喂量。投饲后鱼类吃完饲料的时间，依饲料种类、投饲次数、水温高低等因素的不同而有所不同。例如，投喂青饲料，吃完的时间应长些，而投喂商品饲料，吃完的时间短些。投喂次数多或水温较低时，饲料吃完的时间会长些。例如，每日投饲两次，一般以3～4h吃完为度。一般来说，傍晚检查食场或食台时，应以没有剩余饲料为好。

(2)看天气情况。天气晴朗时可多投饲料，阴雨天时则少投。如天气不正常，气压低、闷热、雷阵雨前后或大雨时，应暂停投饲。雾天气压低，应待雾散后才可投饲料。天气不正常时，水中溶氧量少，鱼若摄食过多，容易引起浮头泛池；或者易因鱼类食欲降低，饲料吃不完而有较多剩余，从而导致水质败坏。

(3)看水质情况。水色好，表明水质肥爽，可正常投饲；水色过淡，表明水质较瘦，应增加投饲量；水色过浓，则说明水质太肥，应减少投饲量，并加注新水。水质恶劣的最明显指标是水中溶氧量下降，这对鱼类摄食强度会产生很大影响。特别是水中溶氧量降低至5mg/L以下时，鲤鱼对饲料的摄取明显减少。当溶氧为3～4mg/L时，投喂量应比水中溶氧量在5mg/L以上时减少15%；溶氧为2～3mg/L时，应减少40%；溶氧低于2mg/L时，应停止投饲。即使是耐低氧的罗非鱼，也要求水中溶氧量在3mg/L以上，才能维持良好的摄食与生长。

(4)看水温情况。在一定的水温范围内，鱼类的能量代谢率随水温升高而增加，增加到一定水平后又趋于下降。四大家鱼最适宜的温度为25～32℃，水温在这一范围内时可多投饲料。水温过高或较低时，应减少投饲量。

4. 遵循“四定”投饲原则

为加强投饲的效果，降低饲料系数，提高养殖产量，投喂饲料应遵循“四定”的原则，即定时、定位、定质、定量，保证养殖鱼类吃好、吃饱。

配合饲料养鱼，有人工手撒投饲和机械投饲两种方式。

(1)人工手撒投饲。即人工将饲料一把一把地撒入水中，可以清楚看到鱼类的实际摄食状况，灵活掌握每个池塘的投喂量，做到精心投喂，有利于提高饲料效率，但是费工、费时。对于劳力充足的中、小型渔场，或者养殖名、特、优水产品的渔场，此种投饲方式值得提倡。

(2)机械投饲。即利用自动投饲机投饲，这种方式可以做到定时、定量、定位，同时也具有省食、省工等优点。

第九章 调节水质

水是养鱼的首要条件。在“水、种、饵、密、混、轮、防、管”八字养鱼经中，水、种、饵是基础，密、混、轮是措施，防、管是关键。而“水”是基础中的第一位要素。水是鱼类生活的环境，水环境的优劣直接影响鱼类的生存、生长和发育。池塘水环境是池水的物理、化学、生物、土质（包括塘泥）等特性的综合，简称为水质。只有了解水环境各个因素的变化规律和彼此之间的关系，了解养殖鱼类对水环境的要求，才能合理调节和控制池塘水环境，使之符合鱼类生长的要求，才能获得较高的产量，提高经济效益。

第一节 养鱼水体常识

一、鱼和水体概述

鱼儿离不开水，鱼类等水生经济动物终生生活在水中，它们离开水，就像人类失去大气一样无法生存。所以说，水环境是鱼类赖以生存的基本条件。人们常用“鱼水情深”来形容这种难分难舍的关系。

(1)水是构成动物身体的主要成分。所有动物机体的各个器官都含有水分，骨骼含水量最少，血液含水量则最多。对鱼类来说，其骨骼、鳞片含水约45%，肌肉包括内脏含水约74%，而血液含水高达90%。水是细胞和组织的重要成分，参与动物体营养物质的输送和吸收，以及能量的摄取和代谢废物的排泄等

重要的生命活动。如果说动物体是由水构成的，其实并不夸张。

(2)水是鱼类的生活空间。鱼的一生都浮游在水体中，它们的身体形态和器官结构都高度适应水生生活。大多数鱼类都有流线般的外形，都用鳃呼吸，用鳍条划水推动身体前进。

(3)水供给鱼类呼吸的氧气。空气中的氧气是陆生植物进行光合作用产生的，而水中的氧气主要是由水中的浮游植物和水生植物进行光合作用产生的。鱼类等水生动物只能通过鳃来吸收溶解在水中的氧气。

(4)水供给鱼类食物。天然水体中有一个生物量巨大的动植物群落，它们依靠水中的化学物质和天然饵料生存繁衍。上一级生物通过食物链的传递，满足了下一级生物生长、发育和繁殖的需要，从而保持了水体生物之间的生态平衡，江河、水库、湖泊无不如此。作为人工挖掘的池塘，同样存在一个食物链传递过程，在人类的精心呵护下，水体能够更充分地为鱼类提供食物，而池塘仍然能够维持良好的生态平衡。

(5)水体容纳鱼类代谢废弃物。水生鱼类与陆地动物不同，它们的食物在水中，新陈代谢的废弃物粪便同样也排放在水中。水体中的细菌又可将这些粪便转化分解，并通过物质和能量的循环，使之重新变成营养元素，供水体中的浮游植物利用。

(6)水是鱼类传递信息的介质。鱼类属于低等动物，但无论是吃食、结伴、繁殖，还是逃避敌害，它们都能有条不紊地进行，说明在鱼类个体之间有信息沟通，而水就是唯一的介质。水是鱼类传递信息的介质，也是疾病传播的媒体，危害鱼类生命安全的病原体通过水体传播给整个群体，导致鱼病迅速蔓延。而治疗鱼病时，也要依靠药物在水中溶解传播来完成。

无论是哪种类型的水体环境，都会通过能量流动和物质循环与鱼虾等水生动物的生命活动建立十分密切的关系。水环境的质量和状态直接影响到鱼类生存、生长和繁殖。

二、水的物理属性

养殖鱼类的水域主要是池塘水体，其物理属性包括温度、水色、透明度和对气体的溶解度等。

1. 池塘水温

水温是鱼类最重要的环境条件之一。水温不仅直接影响鱼类的生存和生长，而且影响其他环境条件并对鱼类产生间接作用。几乎所有的环境条件都受到水温的影响和制约。

鱼类的体温随水温而变，因而水温对鱼类生存生长的直接作用更为显著。大多数鱼类幼体的体温常与水温相等，而成体体温与水温也仅差 0.5～1℃。比较缓和的水温变化，有利于鱼类和水中生物的生长发育。

一般来说，温度升高，鱼类代谢也随之加强，每升温 10℃，鱼类代谢水平能提高 2～3 倍。然而，水温过高，会抑制鱼类生长，甚至导致鱼类死亡；温度急剧下降，鱼类会陷入休眠，若水温在冰点以下，鱼类会因体液冻结而死亡。各种鱼类都有其适温范围。鲤科鱼类的最适宜生长水温在 20～30℃。在此温度范围内，随着水温的升高，鱼类摄食量增加，生长也加速。当水温下降到 10～15℃时，鱼类摄食量减少，行动迟缓，生长受到影响。当水温降到 4～10℃时，鲤科鱼类就会逐渐停止摄食。当水温降至 4℃以下时，鱼类就会潜息池底深处，进入冬眠。不同鱼类适宜生存的水温范围相差很大，按适温范围划分，鱼类有热带、温带和冷水鱼类之分。例如，罗非鱼属于典型的热带鱼类，其适温范围为 25～33℃，水温在 14℃以下时就会冻死。四大家鱼是典型的温带鱼类，其适温范围为 15～32℃，在接近 0℃的水中仍能越冬。鲫鱼和乌鳢甚至能耐受一段时间的冰冻。鲑鳟鱼类则是典型的冷水鱼类，其适温范围为 13～18℃，水温在 20℃以上时通常不能正常生活，甚至死亡。

水温影响鱼类的性腺发育并决定鱼类产卵开始的时期。例

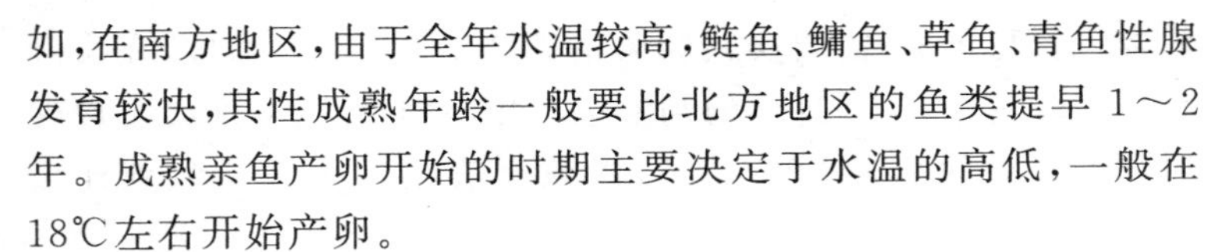

如，在南方地区，由于全年水温较高，鲢鱼、鳙鱼、草鱼、青鱼性腺发育较快，其性成熟年龄一般要比北方地区的鱼类提早1～2年。成熟亲鱼产卵开始的时期主要决定于水温的高低，一般在18℃左右开始产卵。

水温影响水中各种物质的分解速度和水生生物的生命活动，形成对鱼类有利或有害的生态环境条件。例如，水温升高，水中溶氧相对减少，因而不利于鱼类的呼吸；但是，水中的有机物质分解却会因此而加快，增加池水的肥分，促进饵料生物的繁殖，有利于鱼类的摄食和生长。

在鱼类养殖生产中，掌握每种饲养鱼类的适温范围具有重要意义。因为鱼类在适温范围内不仅摄食量大，生长速度快，而且对饲料的利用率也高；鱼类在适温条件下，产卵率、成活率都会很高，幼体的体质也最强壮；适宜的水温，对鱼类天然饵料的充分繁衍同样具有促进作用，这又进一步推动了鱼类的生长。

2. 池塘水色与透明度

清洁的水是无色透明的，但当水层有一定厚度时，由于日光的反射，水面看去会呈现蓝色。江河、湖泊、水库的水越清、越深，其水色也越接近于浅蓝色。但是，当水域中含有一定量的溶解或悬浮物时，它们便呈现不同的颜色并会有一定的浑浊度。例如，泥沙多的水呈黄浊色，溶解腐殖质多的水呈褐色，某些铁化合物和土壤中的胶质存在于水中使水呈红黄色。对于池塘来说，水色的形成和变化主要还是由施肥后池水中产生的浮游生物，特别是浮游植物引起的。由于各种浮游植物（主要是藻类）颜色各异，所以池水颜色也就有所不同。

水色一直是水产养殖者用来判断池水水质优劣的指标。虽然，根据颜色可以识别主要藻类的品种，根据颜色浓淡可以估计出主要藻类的数量，但由于水色还会因为施肥种类或光线照射强度不同而有所改变，所以水产养殖者在长期生产实践中，把水色由单纯池水的颜色引申为池水的成色。凭水的成色判断水质优劣，简便、迅速，需要实践经验的积累，有一定准确性，在实际生产中较实用，但是这样的判断也有相当的随意性，所以可以使用一个量化的指标“透明度”，以数字表示池水的质量就比较客观。

所谓透明度，是指光线透入水中的程度。把透明度板（黑白间隔的圆板，也称萨氏盘）沉入池水中至恰好看不见的深度，称为透明度，常用厘米来表示。它标志着进入水体内的太阳光能的多少。透明度的高低主要取决于水中浮游生物含量的多少，所以透明度可比较量化地表示浮游生物的丰歉和水质的肥度。一般肥水鱼池透明度在20～30cm，根据测定，此时水中浮游生物量较丰富，有利于滤食性鱼类及鱼苗的生长。透明度小于20cm，表示池水过肥，浮游生物量太多，水质已经不利于鱼类养殖。若透明度在50cm以上，这时的池水相当清澈，很少有浮游生物，鱼类天然饵料太少，对鲢、鳙等鱼类的养殖均不适宜。

3. 池水对气体的溶解

池塘水体中溶解有多种气体，气体的来源有两方面：一是从大气中溶入，二是水中生物的代谢产物。对鱼类的健康养殖而言，增加池水中有利气体的溶入，让有害气体尽早挥发是十分重要的。

气体溶解于水体，达到平衡时的浓度叫溶解度。溶解度的变化规律是：水温上升，气体溶解度下降；水沸腾时，溶解气体全部逸出；压力增加，气体溶解度上升；水体中含盐量增加，气体溶解度下降。

气体溶入水体的速度，与水体中溶解气体的不饱和程度有关。不饱和程度越高，气体溶解速度越大。气体溶入水体的速度还和气、水界面的运动程度有关。大气中风吹水面和增氧机搅动水体，都可以增加气体溶解到池水中的速度。另外，池水与大气接触面越大，气体溶入速度越快。

气体溶解和逸散对池塘鱼类养殖极为重要。高产鱼池广泛使用增氧机，利用的就是水的这个物理属性。

三、水的化学属性

池水是一个含有无机物和有机物，存在生命活动和物质转化的多成分电解质溶液。池塘水体各部分之间的化学反应非常复杂，其中光合作用和呼吸作用是池塘最重要的生化反应。光合作用是二氧化碳还原成有机物的过程，必须在浮游植物和水生植物体内进行。光合作用为池塘增加了溶氧。相反，呼吸作用在植物、动物甚至在微生物体内进行，它是将碳水化合物、脂肪、蛋白质等含能量的物质分解释放出能量的过程。呼吸作用会释放出二氧化碳。值得注意的是，在有溶解氧的情况下，微生物进行有氧呼吸，产生二氧化碳；在缺氧的条件下，微生物进行厌氧呼吸，产生有毒的氨氮、硫化氢、甲烷等气体，对鱼类养殖危害极大。

池塘的生化反应和光合作用是产生溶氧的过程，而呼吸作用则是一个耗氧过程。当前者强于后者时，水中生物量增加，溶解氧得以积累；反之则水中溶氧剧减，水质恶化。因此，提高池塘光合作用与呼吸作用的速度和强度，使它们始终处于一个动态平衡状态，是鱼类养殖极其重要且艰巨的任务。

四、池塘水环境的其他因子

池塘水环境指标中，对鱼类影响最大的除了前面叙述的温度以外，还有氧气、二氧化碳含量，水的酸碱度、硬度、盐度，以及氨氮、亚硝酸盐和重金属等有毒物质的含量指标。

1. 溶解氧

溶解氧是指水中溶解的分子态氧的含量，简称溶氧，一般用每升水含氧的毫克数表示。水中溶氧是最重要的水质指标，是鱼类生存和生长的重要环境条件。因绝大多数鱼类只能吸收溶解在水中的氧气，所以如水中溶氧不足，将直接危及鱼类生命，甚至导致鱼类的死亡。湖泊、水库、河流以及粗养鱼池等水体，一般不存在缺氧问题。但对于池塘养鱼来说，由于投饲、施肥量很大，大量的有机肥料和鱼类的粪便、残饵在水中氧化分解，消耗大量氧气，又因池塘水体小，补水量少，载鱼量高，所以池塘溶氧会出现匮乏现象从而影响池水水质。与空气中的氧含量相比，水中溶氧不仅量少而且多变。对于只能利用溶解状态氧进行呼吸的鱼类来说，氧含量的丰歉直接关系到它们的生存和生长。

主要养殖鱼类对低氧的忍耐能力很强，一般溶氧下降到1～2mg/L才引起鱼类浮头，至0.5～1mg/L鱼类则会窒息死亡。即便如此，这些养殖鱼类在低氧条件下的生长仍然会受到影响。据测定，用水温22℃含氧2.1～7.2mg/L的水分别饲养鲤鱼，鲤鱼的摄食率、饲料利用率和鱼体增重率在池水含氧量低于4.1mg/L时均急剧下降；当池水含氧量在4.1mg/L以上时，饲料利用率才能保持稳定。此外，4.1mg/L也是鱼类生长和摄食率的突变点，且生长和摄食率随含氧量的升高而提高。我国主要养殖鱼类在溶氧为4～5.5mg/L以上时，才能正常生长。溶氧若低于此水平，鱼类生长就会受到不同程度的抑制。虽然池塘内的饵料比湖泊、水库内的饵料丰富，但鱼的生长却比在湖泊、水库等大型水体中慢得多。其主要原因就是池塘溶氧条件差，特别是夜间的溶氧条件易恶化，鱼类生长受到了抑制。渔谚有“白天长肉，晚上掉膘”，是十分形象的解说。

溶氧在加速池塘物质循环、促进能量流动及改善水质方面起重要作用。池塘有机物分解成简单的无机盐，主要依靠好气性微生物来完成，而好气性微生物在分解有机物的过程中要消耗大量的氧气。据环保部门测定，分解1 t人粪尿要消耗3.6 t氧气，分解1 t牛粪要消耗5～7 t氧气。因此，池塘溶氧条件良好，就能促进水中好气性微生物大量繁殖，有机物氧化分解随之加快，池水营养盐类增加，浮游植物大量繁殖，藻类等浮游植物光合作用产氧进一步增加，从而再次加速了有机物的氧化分解。如此良性循环，池塘能量流动加快，物质循环加快，池水饵料生物多，溶氧较高，水质良好。反之，如果池水溶氧低，有机物分解缓慢，水中营养盐类少，池塘生产力就低。有机物被厌气性微生物还原（发酵）产生大量的中间产物，如有机酸、氨、硫化氢等有毒物质，它们对鱼类和水生生物的生长都会产生不良影响。而且这些中间产物能够使池水溶氧进一步下降，引起恶性循环，导致池塘生产力继续下降。在池塘养鱼这种特定条件下，溶氧已成为加速池塘物质循环、促进能量流动的重要动力。因此，在池塘养鱼生产中，改善池水溶氧条件是获得高产稳产的重要措施。

（1）池塘溶氧的补给和消耗。池塘中的氧主要是由水生植物（主要是浮游植物）的光合作用产生，其次是从空气中溶入的。

池塘溶氧的消耗主要是水中浮游生物的呼吸作用和水中有机物（在微生物作用下）的氧化分解，即“水呼吸”。据研究，鱼池中的溶氧大部分用于有机物分解，而真正用于鱼类消耗的却很少。

（2）池塘溶氧的分布与变化。池塘中的溶解氧，实际上是错综复杂的因素不断作用和变化的结果。正是这种增氧、耗氧过程，形成了池塘溶氧的分布与变化，其一般规律是：贫营养水体的氧含量比较稳定并接近饱和，富营养水体的溶氧则是“大起大落”。池塘溶氧的变化规律主要有水平变化、垂直变化、昼夜变化和季节变化。

（3）池塘溶氧变化的原因。上述 4 个变化规律以溶氧的昼夜变化和垂直变化关系最为密切，它们同时产生、互相关联又互相制约，显示了池塘溶氧时间和空间上的分布情况，对鱼类的影响也最大。池塘溶氧产生昼夜、垂直变化，主要有 4 点原因：①太阳辐照度有明显的昼夜垂直变化。②浮游植物的光合作用有昼夜垂直变化。③水的热阻力和密度流的影响。④下层塘泥中有机物多少，耗氧量大小的影响。

（4）氧盈和氧债的概念。为了解一昼夜每一阶段（特别是在高氧和低氧阶段）每一水层溶氧和耗氧的动态变化和收支数量，科技人员提出了氧盈和氧债的概念，本教材中不进行介绍。

2. 二氧化碳

池水中二氧化碳的主要来源是水生动植物的呼吸作用，以及有机物质的分解，从空气中溶解于水的量很小。二氧化碳对鱼类和水生生物的生长有重要的影响，它是水生植物通过光合作用制造碳水化合物的主要原料，并与鱼类的天然饵料——藻类的繁生关系很密切。但是高浓度的二氧化碳对鱼类有麻痹和毒害作用。以鲢鱼、鳙鱼、青鱼的幼鱼为例，当池水中溶氧量保持充分，二氧化碳超过 80mg/L 时，鱼类表现为呼吸困难；超过 100mg/L 时，鱼类便发生昏迷或仰卧现象；超过 200mg/L 时，就会导致鱼类的死亡。

3. 酸碱度

酸碱度即池塘水体中氢离子的浓度，通常用 pH 值表示。一般 pH 值的范围是 1～14，7 为中性，大于 7 为碱性，小于 7 为酸性。一般鱼池的 pH 值在 6.5～9.0。

池水的酸碱度受其所在地自然环境和水中生物活动的影响。例如，土壤的酸碱度会直接影响池水的酸碱度，酸雨的降落，污水的流入，水体增氧等也都能改变池水的酸碱度。对池水酸碱度影响最大的还是池塘里包括鱼类在内的生物的呼吸作用。浮游植物的光合作用，消耗了池中大量的二氧化碳，导致池水 pH 值升高；而生物的呼吸作用和有机物分解，又会产生二氧化碳，同时微生物的厌氧呼吸会产生有机酸，这些都会降低池水的 pH 值。因此，一个池塘的 pH 值在一昼夜有明显波动，凌晨最低，而下午 2～3 时则最高。上、下水层光合作用强度差异很大，通常表面 20～30cm 为光合层，其 pH 值最高；而底层几乎没有光合作用，所以 pH 值较低。对大多数鱼类来说，生活环境中水的 pH 值应是相对稳定的，也就是说它们喜欢在特定酸碱度的水中生活。我们通常养殖的淡水鱼类最适宜的pH值为6.8～7.5。pH值过高或过低对鱼类都有直接损害，甚至导致鱼类死亡。

生产中池水酸碱度过低，主要是因土质呈酸性、池塘老化、环境污染或有机肥投放量过大而致，调节方法为施用生石灰，每亩施用20kg左右。生石灰不仅能提高池水的pH值，同时能杀灭病原体，可以说是鱼类养殖生产中必不可少的“保护神”。对于老化鱼池，可以通过清淤减少池底有机物来提高池水的pH值。经常灌注新水也可改善池水pH值过低的状况。

生产中池水酸碱度过高，主要出现在使用新的水泥池或池塘清淤施用生石灰以后。所以新修建的水泥池一定要用水浸泡3次，每次24h以上，并测定池水pH值达到标准后，才可放入鱼类。这在使用室内高密度养殖或孵化设施时，应特别注意。在鱼池施放生石灰时，要根据鱼池酸碱度现状，适量、多次施放，切莫一次施放过量造成碱中毒。应急时也可施以氯化钙来降低池水的pH值。

4. 硬度

池水的硬度是对于水中金属离子，如钙、镁、铁、铝、锌、锰等的含量的度量。对于多数池塘来说，铁、锌、锰的含量极少，所以池水硬度主要受钙、镁离子含量的影响。钙离子和镁离子通常分别以碳酸钙、碳酸镁等形式存在于水中。钙和镁本身都是鱼类和水生生物生命过程中不可缺少的营养元素。钙是构成鱼类骨骼的主要物质元素，也是其他水生生物生长所必需的元素之一。镁是叶绿素的主要成分，各种藻类的生长均需要镁。

由于池水的酸碱度不同，池水中的溶氧和二氧化碳等含量也各不相同，并且池底土质特点不一，因此池水的硬度差异很大，通常池水中碳酸钙含量的变化幅度为70～600mg/L。

增加池水硬度主要采用施放生石灰清塘的方法，这样既可杀灭病原体、寄生虫类及对鱼类有害的生物，也相应改善了池水的硬度。

需要注意的是,在池水本身硬度就大的情况下,应慎重施用生石灰。施用过量,会降低有效磷的浓度,影响植物的生长。另外,在有机物质含量偏低的池塘,生石灰用量太多,也会降低水体肥力。

5. 盐度

池水的盐度也称矿化度,指水中钠、钾、钙、镁、碳酸氢根、硫酸根和氯等8种离子的总量。淡水的盐度小于5,标准的海水的盐度为35左右。

不同盐度的水具有不同的渗透压,水的盐度变化可改变鱼类与环境的渗透关系,达到极限时可致使鱼类的生命过程被破坏,严重时会导致鱼类死亡。淡水鱼类的体液成分和浓度与池水不完全相同,但鱼类都具有自动调节渗透压的能力,它们属于恒渗动物。淡水鱼类体内的渗透压一般高于水环境,所以水会不断地渗入鱼类体内,它们就利用肾脏不断排出近似清水的尿液来保持身体中水分的平衡。

淡水鱼类对盐度忍耐的程度很差,所以只能在盐度为4～5以下的水中生活。盐度对鱼类的繁殖和卵的发育影响较大。在盐度为2～3以上的水体中,家鱼的成熟状况较差;鲢鱼、鳙鱼、草鱼的受精卵膨胀较小,膨胀完成时间较正常情况晚4h,孵化率也较低。

6. 营养盐和微量元素

氮是蛋白质的主要成分,是构成鱼类身体的基本元素。氮化合物在水中主要以铵盐、硝酸盐、亚硝酸盐三种形式存在,主要是由死亡的生物体、鱼的粪便以及残存的饲料等经细菌分解而产生的。氮是植物的主要营养物质之一。浮游植物主要吸收硝酸盐中所含的氮,也可以吸收铵盐中所含的氮。由于氮在水中的含量一般很少,而浮游植物对它的需要量则较大,因此氮含量偏低常常成为限制浮游植物发展的因素。为了大量繁殖鱼池中的浮游生物，从而为鱼类提供充足的天然食料，就需要经常采用施肥的方法来提高池水的含氮量。一般的高产池塘内，硝态氮的含量必须保持在1～2mg/L。

铵盐是浮游植物的肥料，铵离子可以为浮游植物直接利用，制造鱼类的天然饵料——藻类群体。池水中的铵盐主要来自有机物质在细菌作用下的分解，另外，鱼类粪便中也有较多的铵盐。但是池水中也不宜含铵过度，否则对鱼类的生长不利。铵盐的最佳含量为2mg/L。

池水中的磷多以磷酸盐和有机磷的形式存在。磷酸盐主要由水生生物的尸体、排泄物、鱼类粪便等有机物质分解而产生。磷也是最重要的生物元素之一，一切藻类的生长都需要磷。但在天然水体中磷的含量很低，比氮还少，因此，磷缺乏对水体生产的限制作用比氮缺乏更大，也需要通过施肥的方法来补充。对池塘适当施以磷肥对改善鱼类天然饵料、提高鱼产量具有明显的促进作用。

池水中的硅、铁离子对浮游植物的正常发育都很重要，但池塘中一般不缺。

微量元素中的锌、锰、钼、钴等元素对池塘养殖也很重要，但稍有过量反有毒害，所以在向池塘投喂含有上述微量元素的饵料或施放相应肥料时应特别慎重。

第二节　调节水质

一、池塘水质的判别

水产养殖人员在长期的生产实践过程中，积累了根据水色来判断水质优劣的丰富经验。也就是说，根据池水的颜色、浓淡来判断水中的溶氧条件、饵料生物的数量和质量优劣，判断鱼类的生活、生长情况。水色主要是由池塘中的浮游生物所形成的，而各类浮游生物的细胞内含有不同的色素，所以池塘中浮游生物的种类和数量不同，池水就呈现不同的颜色和浓度。同时，根据池塘的生物特点，浮游生物中又以浮游植物占绝对优势，并有明显的优势种类。它们是滤食性鱼类直接的饵料，也是池水溶氧主要的制造者。因此，浮游生物的种类组成和变化是池塘水质变化的综合反映。也就是说，一种浮游生物大量繁殖，形成优势种甚至水华，就反映了该优势种所要求的生态类型，反映了这个生态类型中水的物理、化学、生物特点以及对鱼类生活、生长的影响。并且浮游生物在水中又具有相对稳定性，不像池水溶氧，随时随地都在变化。因此，根据水色来判别水质的优劣，有其科学性。

1. 在判断水色的过程中，通常用“肥、活、爽、嫩”4个字来表示水质的优劣程度以及对鱼类的影响

（1）肥。肥是指水中鱼类易消化的浮游生物数量和种类都很多。藻类中以绿藻、硅藻、隐藻、甲藻和金藻居多。另外，轮虫、枝角类、桡足类等鱼类喜食的浮游动物也很多。按其优势种群不同，水色常呈绿褐色、茶褐色、绿色或黄绿色。若池水出现上述颜色以外的水色，都不是肥水，都不适合鱼类养殖。

（2）活。水色随光照强度和时间常有变化，早上色淡，中午和下午转浓，即所谓“早青晚绿”，这主要是鱼类最爱吃的鞭毛藻类随日光照射强度变化而垂直运动的结果，这类水色适合鱼类生活。

（3）爽。爽表示水质清爽，浑浊度小，透明度适中，水中含氧量较高。

（4）嫩。嫩即水色鲜嫩不老，表示水体中容易消化的藻类很多，大部分藻体细胞未老化。

用肉眼通过观察水色来判断水质，通常使用定性的描述；测量透明度则是进行定量描述的依据之一。用透明度板测定。

2. 在生产上经常采用测量和看水色相结合的方法来判断池塘水质的优劣

具体可以从以下 4 个方面去衡量。

(1)看水色。池塘水色可分为两大类:一类以黄褐色水为主,包括姜黄、茶褐、红褐、褐中带绿几种颜色;另一类以绿色水为主,包括黄绿、油绿、蓝绿、墨绿、绿中带褐等几种颜色。这两种水均是肥水型水质,但相比之下,黄褐色水中鱼类易消化的浮游植物种类相对比绿色水中的多。黄褐色水的指标生物是隐藻和硅藻类,这种水日变化较大,容易产生优质水华。而绿色水中鱼类不易消化的藻类较多,其指标生物是绿球藻目的小型藻体(绿球藻、十字藻、栅裂藻等)和蓝藻目中的微囊藻、平裂藻等。故一般情况下,黄褐色水比绿色水好。此外,投喂不同的饲料、肥料,受水中溶解有机物的影响,也会出现不同的水色。例如,施牛粪、马粪,池水呈淡红褐色;施鸡粪,池水呈黄绿色;螺蛳投喂得多的池塘,水色呈油绿色;水草、陆草投喂得多的池塘,水色往往呈红褐色。此外,水色还受天气、土壤和塘泥以及周围环境等的影响,因此水色不能作为判断水质的唯一根据。

(2)看是否有水华。水华是池塘物理、化学和生物因素的综合反映。一种浮游植物大量繁殖就形成了水华,反映了该种浮游植物所适宜的生态类型及其对鱼类生长的影响。形成水华的浮游植物种类单一,水华的颜色和形态容易判别,因此,只要了解各种水华的形态、颜色和优势种的组成,了解该优势种所要求的生态条件以及滤食性鱼类对其的消化程度,就可以正确地判别该水质的优劣及其对鱼类生长的影响。

3. 看下风处油膜

某些藻类不易形成水华,或受天气、风力影响,水华不易观察。此时,可根据下风处油膜的量、油膜的颜色和形状来判断水质优劣。一般肥水池下风处油膜多,黏性发泡,有日变化(上午少、下午多),呈烟灰色或淡褐色,午后往往带绿色,俗称“早红夜绿”,油膜中除包含大量有机碎屑外,主要的指标生物是壳虫藻(年幼藻体呈绿色,老化藻体呈褐色或黑色)。铁锈色油膜(血红眼虫藻)、粉绿色油膜(扁裸藻)等均为瘦水型水质。

4. 看水色变化

优良的水质有月变化(十天、半月水色浓淡交替)和日变化(上午水色淡、下午水色浓,上风处水色淡、下风处水色浓)。水色变化表示水中趋光性的藻类大量繁殖,这些藻类大多容易被滤食性鱼类所消化。它们都有运动胞器(如鞭毛、壳缝等),能主动行动,因此,它们的昼夜垂直变化比不能主动行动的藻类(如绿球藻、十字藻、栅裂藻等)明显得多。反映在水色上即生成日变化。由于这些藻类群体容易被滤食性鱼类所消化,它们的“寿命”就比不易消化的藻类短得多,因而它们的生物量似波浪式运动,反映在水色上即生成月变化,表示该池塘物质循环迅速,鱼类容易消化的藻类种群交替快,水质好。这种水俗称“活水”。

根据养殖鱼类对水质的要求和水的理化、生物特点,可将水质分为瘦水、肥水、老水和优质水华水四个类型。瘦水的理化条件虽好,但浮游生物量少,对鲢鱼、鳙鱼等滤食性鱼类的生长不利,渔谚有“清水白汤白养鱼”之说,故需大量投饲、施肥,增加水中有机物质和无机盐的数量,提高池塘生产力。肥水既为鱼类创造比较良好的理化条件,又为鲢鱼、鳙鱼提供了丰富的饵料生物,素有“肥、活、爽、嫩”之称。肥水型水质还包括许多亚型,有待进一步研究。老水是肥水池不加水或少加水,或不清塘而造成的。其水质虽肥,但浮游生物优势种都是鱼类不易消化的种类,溶氧条件差,透明度低,水色日变化小,渔谚有“肥而不活是老水”之说。它既不利于鱼类生活,也无法为鲢鱼、鳙鱼提供优质饵料生物,必须及时更换。优质水华水是在肥水型基础上进一步投饵、施肥、注水培育起来的。这种水可以为鲢鱼、鳙鱼提供量多、质好的天然饵料,但水的理化条件较差,故应着重控制藻类的过度繁殖,否则会造成藻体大量死亡,水色转清发臭(俗称“臭清水”)引起鱼类泛池，故渔谚有“水华水养危险鱼”之说。

二、池塘水质的调节和控制

1. 控制浮游生物

浮游生物是水体生产力的基础，对水质理化因子的变化起主导作用。所以，池塘只有拥有一定数量的浮游生物，才能通过藻类等浮游植物的光合作用产生大量的氧气，供鱼类和其他水生生物正常生长。养鱼池塘中的浮游生物量应保持在 32～130mg/L，而且这些浮游生物中的浮游植物应是鱼类容易消化的种类，如隐藻、甲藻、硅藻等，占绝对优势。池水透明度一般应为 25～40cm，指标生物隐藻、轮虫大量繁殖。这种池水在外观上具有“肥、活、爽、嫩”的特点。

值得注意的是，当浮游生物达到 130～400mg/L 时，池水的透明度低，浮游生物数量极多，但种类较少。虽然此时水中的鱼类易消化的浮游生物占多数，但这种水质溶氧条件差，尤其是下层水，如遇天气突变，不但容易引起鱼类缺氧浮头，而且往往连藻类本身呼吸所需的氧气也供不应求，造成藻类大量死亡，水色转清发臭，引发鱼类泛池事故。这种水质的指标生物是蓝绿裸甲藻类大量繁殖。

对于池塘中的浮游生物量，可通过控制投饵、施肥量，采用合理使用增氧机和注新水等方法，达到适于鱼类生长的最佳水平。

2. 及时加注新水

经常及时地加注新水是培育和控制池塘优良水质必不可少的措施。对精养鱼池而言，加水有以下 4 个作用。

(1)增加水深，弥补池水的渗漏和蒸发，以扩大鱼类的活动空间，保持水质稳定。

(2)增加池水透明度，使光透入水的深度增加，浮游植物光合作用水层加大，整个池水的溶氧增加，同时可稀释水体中分子氨的浓度。

(3)直接增加水中溶氧,消除水的热阻力,使池水垂直、水平流转。

(4)降低藻类(特别是蓝藻、绿藻类)分泌的抗生素,这些抗生素可抑制其他藻类生长。实验证明,将蓝藻和绿藻占绝对优势的老水用超滤膜抽滤以后,用其过滤水接种蓝绿裸甲藻藻种,经5～15min,藻体全部沉淀,5h后藻体开始解体,20h后已无成活藻体;以隐藻为优势种的肥水,用其过滤水接种蓝绿裸甲藻藻种,则藻体在5天中正常生活。此实验说明,尽管超滤膜能将藻体和其他微生物过滤掉,但藻类所分泌的大量抗生素仍在水中,它们对鱼类易消化的藻类有强烈的抑制作用。要改变这种生态环境,只有大量加水,稀释这种抗生素,才能促进鱼类易消化藻类的生长繁殖。在生产上,老水型池水的水质往往在下过暴雨以后转为肥水,就是这个道理。

由此可见,加注新水有增氧机增氧所不能取代的作用。在配置增氧机的鱼池中,仍应经常、及时地加注新水,以保持水质稳定。应注意,在夏、秋高温季节,加水时间应选择晴天的14:00～15:00以前进行,傍晚禁止加水,以免造成上、下水层提前对流,引起鱼类浮头。

3. 利用增氧机增氧

我国水产养殖业已逐步向高密度、集约化方向发展,水产养殖总产量逐年上升,这与水产养殖业逐步实现机械化,特别是增氧机的广泛使用是密不可分的。可以说,增氧机是我国实现渔业现代化必不可少的基本装备。

(1)增氧机的作用。增氧机是一种通过电动机或柴油机等动力源驱动工作部件,使空气中的氧迅速渗透到养殖水体中的设备。它综合利用物理、化学和生物等功能,不但能解决池塘养殖中因缺氧而产生的鱼类浮头的问题,而且可以消除有害气体,促进水体对流交换,改善水质条件,降低饲料系数,提高鱼池活性和初级生产率，从而提高放养密度，增加养殖对象的摄食强度，促进生长，提高鱼产量。

(2)增氧机的原理。众所周知，使用增氧机的目的是使水体增加溶氧，这涉及氧气的溶解度和溶解速率的问题。增氧机的工作原理有以下三点：一是利用机械部件搅动水体，促进水体对流交换。二是把水打散为细小雾滴，增加水体和空气的接触面积。三是通过负压吸气，令气体分散为微气泡，再压入水中。各种不同类型的增氧机都是根据这些原理设计制造的，它们或者采取一种促进氧气溶解的措施，或者采取两种及两种以上措施增加池水溶氧。

(3)增氧机的类型及适用范围。根据上述原理设计生产出的增氧机产品类型较多，其特性和工作原理也各不相同，增氧效果差别较大，适用范围也不尽相同，生产者可根据不同养殖系统对溶氧的需求，选择合适的增氧机以获得良好的经济效益。

①叶轮式增氧机。叶轮式增氧机具有增氧、搅水、曝气等综合功能，是目前采用最多的增氧机。其增氧能力、动力效率均优于其他机型，但运转噪声较大，一般用于水深1m以上的大面积池塘养殖。叶轮式增氧机由电动机、减速箱、机体支撑架、叶轮及浮筒五个部分组成，其工作原理是：电动机传输动力到减速箱，由减速箱带动叶轮在水体表层旋转，形成水花与水膜，扩大水与空气接触面，将氧气不断溶解于水体中。同时，由于叶轮的旋转，其背面形成负压区，空气沿着叶轮上的气管进入水体，也可加速氧的溶入。此外，还由于叶轮旋转产生的提水和推水作用，促使水的上下层对流，从而加速对池水底层的氧量补充，达到快速均匀增氧的目的。一般每小时的增氧值约为1kg/kW，负荷面积为1～3亩/kW。

②水车式增氧机。水车式增氧机具有良好的增氧及促进水体流动的功能，适用于池塘和工厂化养鱼池。由于叶轮与水面垂直且有方向性地旋转，使池水形成大盘水花并进行方向性流

动，因此，除起到增氧作用外，还能引诱鱼类游向食台，也适于养鳗池使用。水车式增氧机是由电动机、减速装置、机架、浮筒和叶轮五个部分组成，其工作原理是：使用电动机作为动力，通过减速装置带动叶轮旋转，使叶片搅动水面。当叶片离开水面后，在离心作用下，把叶片表面带出的水以及叶片和轮缘上附着的水甩出水面，形成大量的水花，增加了水与空气的接触面，加速空气中的氧溶解于水。同时，当叶轮在旋转时，叶片的背面形成负压，使下层水得以上升。这样循环往复，使静止的水变成流动状态，既增加了池水的溶氧量，又能使溶氧分布均匀，从而改善池底缺氧状况。

③喷水式增氧机。喷水式增氧机是由水泵和潜水电动机组合成一体的新型增氧喷水设备。体积小，质量轻，移动方便，安装简单。主要用于池塘养鱼，除能增加水中溶氧量外，还可供喷水观赏、美化环境之用。该机是一种可移式潜水泵，由屏蔽式潜水电动机、离心式水泵、喷头和浮圈等组成，其工作原理是：由潜水电动机带动离心水泵，将水提上，通过喷头（出水口）上的喇叭口，向周围喷射，产生水花，扩大水与空气的接触面，当水花跌落入池时，将空气中的氧带入水中，达到增氧的目的。

④射流式增氧机。射流式增氧机的增氧动力效率超过水车式、充气式、喷水式等形式的增氧机。该机结构简单，能形成水流，搅拌水体。射流式增氧机能使水体平缓地增氧，不损伤鱼体，适合鱼苗池增氧使用。

⑤充气式增氧机。水越深，充气式增氧机效果越好，适合在深水水体中使用。

⑥吸入式增氧机。吸入式增氧机通过负压吸气把空气送入水中，并与水形成涡流混合把水向前推进，因而混合力强。该机对下层水的增氧能力比叶轮式增氧机强，对上层水的增氧能力稍逊于叶轮式增氧机。

⑦涡流式增氧机。涡流式增氧机主要用于北方冰下水体增

氧，增氧效率高。

⑧增氧泵。因增氧泵轻便、易操作及单一的增氧功能，故一般适合水深在 0.7m 以下，面积在 0.6 亩以下的鱼苗培育池或温室养殖池中使用。

随着渔业需求的不断细化和增氧机技术的不断提高，出现了许多新型的增氧机，如涌喷式增氧机、喷雾式增氧机等。

(4)增氧机的配备原则。增氧机的选配原则是：既要充分满足鱼类正常生长的溶氧需要，有效防止缺氧死鱼现象的发生，防止因水质恶化降低饲料利用率和鱼类生长速度，引发鱼病现象的发生，又要最大限度地降低运行成本，节省开支。因此，选择增氧机应根据池塘的水深、不同的鱼池面积、养殖单产、增氧机效率和运行成本等因素综合考虑。

据测定，每千克鱼每小时耗氧总量约为 1g，其中，生命活动耗氧约为 0.15g，食物消化及排泄物分解耗氧约为 0.85g。

(5)增氧机的正确使用。使用增氧机缺乏科学性，将直接影响增氧机的使用效果。合理使用增氧机可有效增加池水中的溶氧量，加速池塘水体物质循环，消除有害物质，促进浮游生物繁殖。同时可以预防和减轻鱼类浮头现象的发生，防止鱼类泛池以及改善池塘水质条件，增加鱼类摄食量及提高单位面积产量。正确使用增氧机需注意的事项有以下 3 点。

①确定增氧机类型和装载负荷。确定装载负荷一般要考虑水深、面积和池形。长方形池以水车式增氧机为最佳，正方形或圆形池以叶轮式增氧机为好。叶轮式增氧机每千瓦动力基本能满足 3.8 亩成鱼池塘的增氧需要，4.5 亩以上的鱼池应考虑装配两台以上的增氧机。

②确定安装位置。增氧机应安装于池塘中央或偏上风的位置，一般距离池堤 5m 以上，并用插杆或抛锚固定。安装叶轮式增氧机时，应保证增氧机在工作时产生的水流不会将池底淤泥搅起。另外，安装时要注意安全用电，做好安全使用保护措施，

并经常检查维修。

③确定开机时间和运行时间。增氧机一定要在安全的情况下运行，并结合池塘中鱼类放养密度、生长季节、池塘的水质条件、天气变化情况以及增氧机的工作原理、主要作用、增氧机性能、增氧机负荷等因素来确定运行时间，做到起作用而不浪费。正确掌握开机的时间，需做到“六开三不开”。“六开”——一是晴天时午后开机，二是阴天时次日清晨开机，三是阴雨连绵时半夜开机，四是下暴雨时上半夜开机，五是温差大时及时开机，六是特殊情况下随时开机。“三不开”——一是早上日出后不开机，二是傍晚不开机，三是阴雨天白天不开机。在天气突变或由于水肥鱼多等原因引起鱼类浮头时，可灵活掌握开机时间，防止鱼类浮头或泛池现象发生。

(6)定期检修。为了保证安全作业，必须定期对增氧机进行检修。电动机、减速箱、叶轮、浮子都要进行检修，对于已受到水淋侵蚀的接线盒应及时更换。同时，检修后的各部件应放在通风、干燥的地方，需要时再组装成整机使用。有条件的，增氧机应每年保养一次，除锈、涂漆、加油。

要鼓励和支持增氧机生产企业开发新产品，研制具有定时增氧、自动保护控制、智能化控制系统等的增氧机，减轻水产养殖人员繁重的体力劳动，发挥增氧机的实际性能，保证其工作的可靠性，适时调解水质环境，减少电费开支。

4. 合理利用塘泥，减少有机物质的沉积

由于池塘下层水的氧气条件差，大量的残剩饲料、有机肥料、死亡的生物体以及鱼类粪便等因无法及时分解而沉积，并与泥沙混合，形成池塘淤泥。据测定，养鱼池塘每年塘泥的沉积厚度为10～12cm。因此，可以说塘泥是池塘有机物质的“储存库”。塘泥中含有大量的营养成分。对于亩净产500kg鱼池混合塘泥的测定表明，塘泥含有机物质4.258％，全氮0.314％，全磷0.203％，全钾1.205％。塘泥中的全氮如全部折算为无机氮，以 1 亩池底有 20cm 塘泥计算，可折算为硫酸铵约 585kg。但是，养鱼池塘的塘泥中严重缺氧，仅在塘泥表层有极薄的一层氧化层。当与塘泥表层接触的底层水的溶氧下降为零时，此氧化层即还原为还原层，塘泥中的有机物质在缺氧条件下，产生大量的还原物质，使池水的 pH 值下降，并抑制鱼类生长。此时，池塘耗氧均以氧债形式存在。塘泥通过下层水进行物质交换和迁移，使下层水耗氧因子增加，导致下层水在高温季节长期呈缺氧状态，容易引起鱼类浮头，甚至泛池。而且，塘泥中大量的有机物质无法参与池塘物质循环，造成池塘能量利用率下降。据初步测定，亩净产 750kg 的鱼池，在池塘条件良好（面积大、排灌、增氧、畜牧配套）的情况下，池塘能量的利用率仅为 6.7%。而其中有很大一部分能量沉积在塘底，故塘泥又有“能量陷阱”之称。因此，如何利用塘泥的有利一面，使塘泥中的能量重新参与到池塘物质循环中，提高池塘能量利用率，以及限制和缩小其不利的一面，降低塘泥的氧债，改善下层水的生态条件，已成为池塘实现大面积高产的重要课题。对于塘泥过多的鱼池可采用下列 3 种措施对池水进行改善。

（1）排干池水，挖除过多塘泥。池塘必须每年进行排水干池，挖去过多的塘泥，挖出的塘泥除可用以加高整修池岸外，还可作为池边饲料地、桑田、果园或农田的优质肥料。用塘泥作为主要肥源种植青饲料，亩产可达 7～15 t。据测定，塘泥活性（有机物质含量高、物质交换和迁移剧烈）最强的泥层在塘泥表层 0～5cm 处，又因每年塘泥的沉积速度很快，故一般养鱼池塘在年初时池底只需保持 10cm 左右的塘泥即可。

（2）使池底经日晒和冰冻。排干池水后，池底经日晒和冰冻，不仅可杀灭致病菌和孢子，而且还可增加塘泥的通气性。有条件的地方可用拖拉机将底泥翻松，促使塘泥中的还原物质氧化分解成简单的无机盐，当池塘注水后，就能为池水提供大量营养盐类，为培养和改善水质创造了良好的条件。

(3)在鱼类生长季节,用水质改良机吸出部分塘泥或翻动塘泥。在鱼类主要生长季节期间,可在晴天中午用水质改良机将一部分塘泥吸出,以减少水中的耗氧因子,并及时为池边饲料提供大量优质肥料。

5. 施放生石灰,提高淤泥肥效,改善水质

每个月向每亩池塘泼洒20kg的生石灰水,可以使池水和塘泥保持微碱性的环境,从而抑制致病菌生长,提高池水的硬度和pH值以及缓冲能力。水中钙离子的增加,可使淤泥中被吸附固定的营养物质得到释放,为培育和改善水质创造了良好的条件。在池水急性缺氧时,也可采用化学试剂增氧(可使用复方增氧剂,其主要成分是过碳酸钠和沸石粉),用量为每亩10kg。

第三节 水质突变的处理

养殖季节,水质变化会造成鱼类清晨缺氧浮头,严重的水质突变还会引起泛塘死鱼即缺氧浮头死鱼。

一、清晨缺氧浮头的成因

(1)在水质较肥、密度较大的池塘,午后或傍晚的雷阵雨或急暴雨会引发第二天凌晨严重缺氧死鱼事故。其主要原因是:暴雨后池塘表层水温急剧下降,即底层水温高于表层,造成水体上下层对流,池底的腐殖质随之泛起,氧化分解消耗大量溶氧,造成池塘的溶氧量急剧下降。加之暴雨过后,池水中的悬浮物大量增加,黏附于鱼鳃上,影响鱼类呼吸,特别是生活在底层的鲤鱼更是如此。

(2)傍晚的最后一次投喂过饱,鱼类夜间消化需消耗大量溶氧,因而造成第二天凌晨发生缺氧浮头死鱼事故。

(3)夏秋高温季节,由于池水过肥、密度较大,白天光照不好,溶氧量的消耗明显大于光照的产氧量,致使池氧可能在夜间

消耗殆尽，第二天凌晨则易缺氧。如未及时发现并采取有效措施，常造成鱼类泛塘。

二、清晨浮头的应急措施

（1）轻度浮头。即有声响时，鱼立即下沉水中。这时应迅速打开增氧机或加注新水。

（2）严重浮头。鱼受惊吓不下沉，游动无力，部分鱼腹部朝上。这时不能打开增氧机或人为大声喧哗、搅水，而应立即加注新水，并使注水管与水面平行缓流入池（不宜将注水管抬高，击起浪花），最好形成全池池水的圆圈循环，使鱼聚集在水流的两侧，使浮头现象尽快得到缓解。

鱼类出现浮头现象时，如无增氧机又无注水条件，应立即施用化学增氧剂（鱼浮灵等），注意应将药剂施放在鱼浮头的密集处。

三、浮头缺氧预防措施

（1）当水质较肥且白天光照不足时，傍晚最后一次投喂时应减少投喂量，一般喂到半饱即可，以防止鱼类因夜晚消化食物而大量耗氧。

（2）午后或傍晚下雷阵雨或急暴雨时，上半夜就要打开增氧机，并且要坚持开到第二天日出时。无增氧机的可在半夜加注新水，一直到日出。

（3）高温盛夏季节，在高密度养殖的肥水池塘，要提前打开增氧机，可在上半夜 22 时即开机增氧。为池塘注水要安排在半夜进行，这样既加注了池水，又解决了鱼类缺氧浮头问题，可谓一举两得。

四、水质突变泛塘

（1）水质突变的成因。在单产较高、水质较肥的池塘，盛夏季节浮游植物过量繁殖。特别是蓝藻类的铜绿微囊藻大量繁殖时，在水面下风处形成一层翠绿色的水花，俗称“湖靛”或“铜绿水”。由于蓝藻大量繁殖，导致池中营养元素缺乏，从而使得蓝藻一夜之间全部死光。死亡的藻体沉入池底，水质变清、变瘦，下风头可闻到腥臭味，即俗称的“臭清水”。

(2)水质突变的后果。当微囊藻大量繁殖继而死亡后，蛋白质分解产生胺、硫化氢等有毒物质，不仅可以毒死水产动物，就是牛、羊饮用了这种水，也能被毒死。微囊藻喜生长在温度较高(最适温度为 28.8～30.5℃)、碱性较强(pH 值 8～9.5)及富营养化的水中。在其大量繁殖时，晚上会产生过多的二氧化碳，消耗大量氧气；白天进行光合作用时，pH 值可以上升到 10 左右。此时，鱼体的硫胺酶活性增加，在硫胺酶作用下，维生素 B_1 速发酵分解，鱼类缺乏维生素 B_1，即导致中枢神经和末梢神经失灵，鱼类兴奋性增强，急剧活动、痉挛，身体失去平衡。微囊藻死亡后所产生的毒素还可导致鱼肝脏出血。可见蓝藻大量繁殖进而死亡后引起的水质突变，不仅造成鱼类缺氧泛塘，还可产生很强的毒素，使池鱼缺氧中毒而死。

五、水质突变的主要指标

1. 理化指标

(1)水色气味。水质突变前水面下风处有一层翠绿色水花。水质突变后，水变清、变瘦，远看水色发黑，有很强的腥臭味。

(2)透明度。水质突变前，池水透明度小于 20cm，并且上下午无明显变化。水质突变后，池水透明度在 40cm 以上。

(3)溶解氧。水质突变前，底层水溶解氧一般不超过 2mg/L。水质突变后，水中溶氧极低，上层不超过 1mg/L，下层几乎是 0。

2. 生物指标

(1)浮游生物量。可超过 200mg/L。

(2)浮游植物。种类单一,铜绿微囊藻是绝对的优势种,占80%以上。

(3)浮游动物。优势种常是纤毛类的原生动物。

六、水质突变的处理措施

(1)当蓝藻大量繁殖但还没有出现水质突变之前,要予以高度重视,每天巡塘2～3次,及时掌握池水的水质变化,防患于未然,同时采取以下3项有力措施,谨防水质突变。

①排水。当蓝藻大量繁殖时,要选择晴天中午排放1/2左右池水。

②药物处理。当池水排出1/2后,用硫酸铜、硫酸亚铁合剂(5∶2)0.7mg/L全池泼洒(不宜使用生石灰)。由于排掉了1/2左右的水量,就减少了施药量,从而降低了成本。

③注水引种。施药后3～4h内向池内注水,最好先注入其他池塘中没有蓝藻、水质较好的水10～20cm深,然后加入湖水或河水,恢复到原来的水位。

(2)如因预防工作没有做好,不慎造成了水质突变,应立即采取措施,把损失降到最低。

①大量换新水。当出现水质突变时,一方面应立即抽掉底层老水20～30cm,另一方面应立即加注新水,使鱼大量集聚在高溶氧、新鲜的注水区域缓解缺氧、中毒症状。

②化学增氧。无补注水条件的池塘,如出现水质突变,应立即施用化学增氧剂(增氧灵等),同时施入底质改良剂,吸附池底有害物质。

七、水质突变救治后对鱼类生长的影响

水质突变经紧急救治后的水质情况不会很快好转,需采取进一步处理措施从根本上改良水质。经救治后的水一般较瘦,浮游植物较少,而原生动物较多,加之浮游植物死亡分解产生的

有害物质沉于池底，使得池水溶氧较低。有害物质如硫化氢、氨氮、亚硝酸盐含量较高，易使鱼类，尤其是底层鱼类产生浮头和不同程度中毒的现象。被救活的鱼，鳃和体内脏器会出现不同程度的损伤，其发育会受到抑制，生长速度明显降低，抗应激能力下降，一般需要1周以上的时间才能逐渐恢复。在北方生长期较短的情况下，水质突变对鱼类生长的影响是无法弥补的，应尽量避免其发生。

第四节　养殖进排水处理

养殖进排水处理的目的是用各种方法将污水中含有的污染物分离出来，或将其转化为无害物质，从而使水质保持洁净。根据所采取的处理方法不同，可分为物理处理、化学处理和生物处理。

一、物理处理

(1)栅栏。栅栏通常用在养鱼水源进水口，目的是为了防止水中个体较大的鱼和漂浮物等进入进水口，否则容易使水泵、管道堵塞，或使敌害生物进入养殖水体。栅栏通常由竹箔、网片组成，也有由金属结构的网格组成的。

(2)筛网。筛网的材料通常为尼龙筛绢，使用筛网的目的是防止浮游动物和尺寸较大的有机物进入水体。

(3)沉淀。沉淀是借助水中悬浮固体本身的重力，使其与水分离的过程，通常在沉淀池中进行。按沉淀物质的性质和浓度主要分为以下两种类型。

①自由沉淀。水中的悬浮固体依靠自重，沉淀于池塘底部，可通过定期清塘清除。

②絮凝沉淀。在沉淀过程中，颗粒间相互粘连成为较大的絮凝体，且其沉降速度在沉淀过程中逐渐加快。

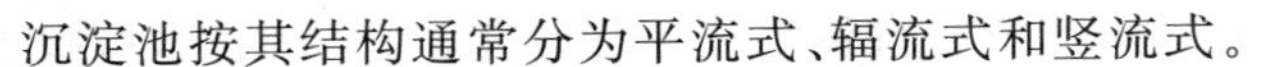

沉淀池按其结构通常分为平流式、辐流式和竖流式。

(4)过滤。过滤是养殖用水处理中比较经济有效的方法之一，既可作为养殖用水的预处理，也可作为养殖用水的最终处理。

滤料主要有石英砂、炼渣、砾石等。滤料层的厚度与滤料种类有关，粒径较大的滤料孔隙率大，则滤料层需厚一些；相反，粒径较小的滤料孔隙率小，则滤料层可薄一些，但通常不少于0.5～0.6m。

物理处理养殖进排水是池塘养鱼生产中常用的方法。由于环境保护的需要，养殖排水也应在进行处理后排放。目前，使用沉淀、过滤两种处理方法是比较经济有效的。

二、化学处理

养殖进排水的化学处理是利用化学作用除去水中的污染物，使水质保持洁净的方法。通常通过施加化学药剂，促使污染物混凝、沉淀、氧化还原等，达到清洁池水的目的。

(1)化学处理去除重金属。养殖用水中不能含有超量的重金属，否则，轻则导致养殖对象畸形，重则危及其生存。养殖生产中，常使用钠盐去除水中重金属，其化学名称为乙二铵乙酸二钠，性状为白色粉末状结晶，易溶于水。钠盐一旦与水中其他金属离子(如汞、铝、铜等)相遇，钠离子的位置立刻会被其他重金属离子取代，形成新的稳定的化合物，从而大大降低水体内重金属离子浓度，减轻其对稚幼鱼类的毒害作用。

(2)氧化还原法。水中的无机物和溶解有机物可通过氧化还原反应转化为无害物质，或转化为易于从水中分离的气体或固体，从而达到改善水质的目的。养殖生产上最常用的是空气氧化法，具体方法有曝气、使用水质改良机(翻动淤泥或将其吸出暴露在空气中)或干池暴晒。

(3)混凝法。水中的悬浮物质大多可通过自然沉淀去除，而胶体颗粒则不能依靠自然沉淀去除。在这种情况下,可投加无机或有机混凝剂,促使胶体颗粒凝聚成大颗粒而自然沉淀。常用混凝剂种类有铝盐(如明矾、硫酸铝、三氯化铝)和铁盐(如三氯化铁、硫酸亚铁、聚丙烯酰胺)。

(4)消毒法。消毒的目的主要是杀灭对养殖对象和人体有害的微生物,降低有机物的数量,脱氮、脱色和脱臭。常用的消毒剂有漂白粉、漂白精、二氧化氯等。臭氧在水产养殖上越来越普遍地用于对养殖水体的消毒。它是氧的三价同素异构体,在水中具有很强的氧化能力。它能破坏和分解细菌的细胞壁,并迅速扩散至细胞内杀死病原体,同时可对水中污染物如氨、硫化氢、氰化物等进行降解。因此,它既可以迅速及时地杀灭水中的病原微生物,又可以降低水中氨氮的含量,增加溶氧。但臭氧发生器耗电较大,处理成本高,处理后的水没有持续灭菌的功能,易遭二次污染。

三、生物处理法

(1)微生物净化剂法。利用某些微生物将水体或底质沉淀物中的有机物质、氨态氮、亚硝态氮分解吸收,转化为有益或无害物质,从而达到水质(底质)环境改良、净化的目的。这种微生物净化剂具有安全、可靠和高效率的特点。在使用这些有益菌时应注意:严禁与抗生素或消毒剂同时使用,使用后 3 天内不换水或减少用水量。

(2)水生植物净化法。水体中氮、磷过多时,可在池塘中种植一些水生植物,利用植物的吸收作用从淤泥和水体中吸收大量无机养料(如亚硝酸盐、硝酸盐、氨、磷酸盐等),从而改善水体理化条件和生物组成,调节水体平衡,净化水质。在池塘中可种植苦草、轮叶黑藻、菹草、金鱼藻等沉水微管束植物,在河沟、池塘中可种植蕨菜、菱、莲藕、茭白、慈姑、蕹菜等水生蔬菜,也可在水面放养一些浮水植物,如浮萍、水葫芦等。

第十章　常见鱼病防治

随着水产养殖生产的发展，养殖对象不断扩大，养殖密度大幅增加，鱼类苗种活体在各地区间频繁流动，加剧养殖鱼类疾病传播，给水产养殖业造成极大的危害。因此，鱼类疾病的防治是十分重要的。

第一节　鱼病发生的原因

鱼类是终生生活在水中的水生动物，鱼类的摄食、呼吸、排泄、生长等一切生命活动均在水中进行，因此水环境对鱼类生存和生长的影响超过任何陆生动物。水中存在的病原体数量较陆地环境要多，水中的各种理化因子（如溶氧、温度、酸碱度、无机三氮等）直接影响鱼类的存活、生长，也导致疾病的发生。体质健康的鱼类对环境的适应能力很强，对疾病也有较强的抵御能力。但在养殖池塘中，由于放养密度的提高（较自然水域增大几倍甚至几十倍），人工投饵量也随之增加，从而导致鱼类的排泄对水体的污染程度增大，使得水环境极易恶化，疾病的传染概率也相应提高了。当环境恶化，病原体的侵害超过了鱼体的内在免疫能力时，就导致了鱼病的发生。导致鱼类疾病发生的主要因素有以下 6 点。

（一）物理因素

主要为温度和透明度。一般随着温度的升高，透明度降低，病原体的繁殖速度加快，鱼病发生率呈上升趋势，但个别喜低温种类的病原体除外，如水霉菌、小型点状极毛杆菌(竖鳞病病原菌)等。

(二)化学因素

水的化学指标是水质好坏的主要标志，也是导致鱼病发生的最主要因素。在养殖池塘中，池水的化学指标主要为溶氧量、酸碱度和氨态氮含量，在溶氧量充足(每升 4mg 以上)、酸碱度适宜(pH 值在 7.5～8.5)、氨态氮含量较低(每升 0.2mg 以下)时，鱼病的发生率较低。反之，鱼病的发生率高。例如，缺氧时鱼体极易感染烂鳃病，pH 值低于 7 时极易感染各种细菌病，氨态氮高时极易发生暴发性出血病。水中过量的铅、锌、汞等重金属亦会引起鱼类生病死亡；含酚的水能使鱼类昏迷，鱼肉含汽油味；有毒的农药最易导致鱼的大量死亡。

(三)生物因素

与鱼病发生率关系较大的为浮游生物和病原体生物。通常将浮游植物含量过多或种类不好(如蓝藻、裸藻过多)作为水质老化的标志。在这种水体中鱼病的发生率较高。许多常见的鱼病都是因为各种病原生物传染和侵袭鱼体造成的，因此称这些致病生物为病原体。病原体生物含量较高时，鱼病的感染几率就会增加。同时，中间寄主生物的数量过高或过低，也将直接影响相应疾病的发生与传播，如桡足类会传播绦虫病。

常见鱼病一般可分为以下 3 种类型。

(1)微生物引起鱼病。易引发鱼病的微生物包括病毒、细菌、真菌和单细胞藻类等。这些病原体所引起的鱼病统称为鱼类微生物病，又名传染性鱼病或鱼类传染病。这类鱼病所造成的损失约占鱼病种类总体的 60%左右。鱼类微生物病的病原体大都是感染特定鱼类和特定器官的亲器官性鱼病。例如，草鱼、青鱼易患的肠炎菌，只感染草鱼、青鱼种，而不感染鲢鱼、鳙鱼；鳃霉只寄生在鱼的鳃上而不寄生在别处。鱼类微生物病的病原体有高度的变异性，它的致病能力随外界条件的变化而转变。例如，草鱼、青鱼的肠炎致病菌在20℃以下时一般不引起鱼病，而水温上升到25℃以上时，该病菌的毒性显著增强，进而形成流行高峰。

(2)寄生虫引起鱼病。易引发鱼病的寄生虫包括原虫(原生动物)、蠕虫、蛭、软体动物和甲壳动物等。鱼病主要是健康鱼在接触带有寄生虫的病鱼时感染的，或是水中的虫卵、孢子在接触鱼体后寄生上去的。

(3)敌害。此类敌害主要是直接吞食和间接危害鱼类的动物，如水老鼠、水鸟、水蛇、蛙类、水蝇、水生昆虫等。

(四)人为因素

(1)放养密度过大或搭配比例不当。放养密度过大，管理工作跟不上，容易发生缺氧的情况。长期缺氧，会使鱼饲料的利用率降低，鱼类生长受到影响，瘦小的鱼则会因吃不上食而体弱生病。搭配比例不当，池塘中食性相同的鱼占的数量多，易导致饵料缺乏，鱼体消瘦而生病。

(2)机械性损伤。拉网不慎、运输操作不当等，使鱼体受到损伤。当损伤严重时，即可导致鱼类的大量死亡。有时损伤虽并不严重，但损伤部位易被微生物侵入，引起发炎，也可导致鱼类大批死亡。

(3)饲养管理不善。在日常管理工作中，由于投饲不及时或饲料变质等原因，容易引起草鱼、青鱼患肠炎病；鱼类长期挨饿，易患萎瘪病；投饲过多，鱼吃不完而使有机物质分解，引起水质变坏，从而使鱼感染细菌性疾病。

(五)池塘条件因素

它主要指池塘大小和底质。一般较小的池塘温度和水质变化都较大，鱼病的发生率较大池塘高。底质为草炭质的池塘

pH 值一般较低,有利于病原体的繁殖,鱼病的发生率较高。底泥厚的池塘,病原体含量高,有毒有害的化学指标一般也较高,因而也容易发生鱼病。

（六）鱼自身的体质因素

鱼的体质是鱼病发生的内在因素,是鱼病发生的根本原因。受种类和体质的影响,一般杂交的品种较纯种抵抗力强,当地品种较引进品种抵抗力强。体质好的鱼类,各种器官机能良好,对疾病的免疫力和抵抗力都很强,鱼病的发生率较低。鱼类体质与饲料的营养密切相关:当饲料充足、营养平衡时,鱼类体质健壮,较少得病;反之,鱼的体质较差,免疫力较低,对各种病原体的抵御能力下降,极易感染而发病。同时,营养不均衡,也可直接导致各种营养性疾病的发生,如瘦脊病、塌鳃病、脂肪肝等。在一定的外界条件作用下,鱼类会因自身因素对疾病具有不同的抗感染能力。例如,草鱼、青鱼患肠炎病时,同养的鲢鱼、鳙鱼从不生此类鱼病;白头白嘴病一般只有体长一寸半以下的草鱼会患上,超过这个体长的鱼基本上不生这种鱼病;某些流行病发生时,同一池中的同种类同年龄的鱼,有的严重患病死亡,有的患病较轻可逐渐自行痊愈,有的丝毫没被感染。鱼类的这种抗病能力,是由机体本身的内在因素所决定的。

第二节　鱼病的检查和诊断

只有对病鱼进行全面的检查,并做出正确的诊断,才能做到对症下药,使损失尽可能地降低。

一、鱼病的部位与检查

不论是鱼种阶段还是成鱼阶段,鱼类的皮肤、鳃、肠道及其他器官都有发病的可能。鱼体各部位常见鱼病见表 10－1。

表 10-1　鱼体各部位常见病

	分类	发病部位	鱼病名称
鱼病	鱼苗到鱼种阶段常见鱼病	皮肤	白皮病、赤皮病、水霉病、白头白嘴病、隐鞭虫病、口丝虫病、黏孢子虫病、舌杯虫病、斜管虫病、白点病、三代虫病
		鳃	细菌性烂鳃病、鳃霉病、白头白嘴病、隐鞭虫病、口丝虫病、黏孢子虫病、舌杯虫病、斜管虫病、毛管虫病、指环虫病、钩介幼虫病
		肠道	细菌性肠炎、头槽绦虫病
		其他器官	双穴吸虫病
		病害	气泡病、跑马病、萎瘪病、弯体病、泛池、中毒
	成鱼常见鱼病	皮肤	赤皮病、打印病、竖鳞病、红线虫病、锚头鳋病
		鳃	细菌性烂鳃、中华鳋病
		肠道	细菌性肠炎、球虫病
		其他器官	舌状绦虫病、鱼怪病
		病害	泛池、中毒
	敌害	—	水蜈蚣、蚌壳虫、剑水蚤、湖靛、青泥苔、水网藻、蝌蚪、鸟类

1. 鱼体的检查

(1)检查方法。鱼体检查的方法是:先用肉眼观察,必要时再用显微镜检查。

1)肉眼检查法。由于病原体的寄生,往往在病鱼的相应部位呈现出一定的病理变化,有时症状很清楚,用肉眼就可以诊断。对鱼体进行目检的部位和顺序分别是体表、鳃和内脏。

①体表。将从池塘中捞出的活病鱼或刚死不久的病鱼放在白瓷盘或解剖盘中,首先观察其体色及肥瘦情况,然后对其头部、嘴、鳃盖、鳞片、鳍条进行仔细观察,看是否有大型病原生物,如水霉、线虫、鲺、锚头鳋等。对一些肉眼看不见的小型原生动

物，就要根据患病部位的症状来辨别，并需要把观察到的症状联系起来加以综合分析。例如，鱼体表面局部或大面积充血、发炎，鳞片脱落，为赤皮病；体发黑，鳃丝发白腐烂，尖端软骨外露，鳃上污泥、黏液多，为细菌性烂鳃病。

②鳃。鳃部检查的重点是鳃丝。首先注意鳃盖是否有被腐蚀成圆形透明的部分（俗称“开天窗”）；然后用剪刀剪去鳃盖，观察鳃丝的色泽和黏液的多少，有无充血、发白、肿大，有无污泥，是否腐烂，有无肉眼可见的白色胞囊或大型的寄生虫等。

③内脏。内脏检查以检查肠道为主。将病鱼一侧的体壁剪掉，内部器官便显露出来。首先观察是否有腹水和肉眼可见的寄生虫；然后仔细观察各内脏的外表，看是否正常。用剪刀将病鱼咽喉部位的前肠至靠近肛门的后肠剪下，取出内脏放在解剖盘内，把肝、胆、鳔等器官逐个分开，再把肠道从前肠至后肠剪开，分成前、中、后三段，置于盘内。把肠道中的食物、粪便除去，仔细观察肠道中是否有吸虫、绦虫等。观察肠壁上是否有黏孢子虫胞囊或球虫，若有则表现为肠壁上成片或稀散的小白点。观察肠壁是否充血、发炎、溃烂等。

2）显微镜检查法。当肉眼不能正确诊断或鱼病症状不明显时，一般要用显微镜进一步进行检查。显微镜检查一般是对肉眼检查确定下来的病变部位进行的，检查部位和顺序用肉眼检查法。

检查方法是：从病变部位取少量组织或黏液置于载玻片上，如体表、鳃组织或黏液，加少量水（如病变部位系内脏组织则使用生理盐水，即 0.85% 的食盐水），盖上盖玻片，使用显微镜由低倍到高倍进行观察。没有显微镜也可使用倍数较高的放大镜。

①体表。用解剖刀或弯头镊子刮取少量体表黏液，置于载玻片上，加上一两滴清水，盖上盖玻片，便可开始镜检。用镜检能够看到许多肉眼看不到的寄生虫，如口丝虫、隐鞭虫、车轮虫、

三代虫等。

②鳃。取小部分鳃丝置于载玻片上，加少量清水，盖上盖玻片，便可开始检查。取鳃丝检查时，最好从每边鳃的第一片鳃片接近两端的位置剪取一小块，因为这个部位的寄生虫比较集中。寄生在鳃丝上的小型寄生虫有隐鞭虫、口丝虫、车轮虫、斜管虫、毛管虫、舌杯虫、黏孢子虫、指环虫等。

③肠道。取肠的前、中、后各段肠壁黏液及内含物进行检查。寄生在肠道内的寄生虫有球虫、肠袋虫、六鞭毛虫、复殖吸虫、线虫等。

鱼体检查完成后，再对鱼池的各种条件进行调查，如水温、水质、含氧量、酸碱度以及以往鱼病流行情况等。根据检查与调查所得的材料，认真分析研究，进行综合判断。最后根据不同疾病的不同治疗方法，对症下药，这样就可以有效地治疗鱼病。

(2)检查时应注意的事项。

①供检查诊断使用的鱼，应是活的或刚死不久的，否则，随着鱼的死亡，病原体会离开鱼体或死亡。死去的病原体或形状发生改变或崩解腐烂，无法鉴别。另外，死亡时间过长的鱼，由于腐败分解，其原来所表现的症状也已无法辨别。

②保持鱼体湿润。如鱼体干燥，则寄生在鱼体表面的寄生虫会很快离去或死亡，鱼病症状也随之不明显或无法辨认。

③检查解剖过程中，所分离的器官应保持其完整性，分开放置，并保持湿润。同时，还要注意防止各器官间病原体的相互污染。

④用过的工具要洗净后再用，防止诊断时产生寄生虫寄生部位的混乱。

⑤对于一时无法确定的病原体要保留好标本。

二、鱼病预防方法

鱼病的预防工作是搞好鱼类养殖生产的重要措施之一。由于鱼类生活在水中,它们的活动,人们不易察觉,一旦生病,及时和正确的诊断较困难,治疗也较麻烦。因此鱼病工作中只有贯彻“全面预防、积极治疗”和“无病先防、有病早治”的正确方针,才能达到减少或避免鱼类因病死亡的事故发生。具体方法如下:

1. 食场消毒

食场内常有残余饵料,饵料腐败后,就为病原体的繁殖提供了有利的条件,也会在鱼池中引发流行病。因此,在投饵的食场要定期进行消毒。

(1)漂白粉挂篓法。在鱼池中选择合适的地方设立食场,将漂白粉装入竹制的篓内,挂在食场的周围。每天挂篓的数量及每只篓内的药量,应视食场大小、水深、水质而定。一般挂篓3～6只,每只篓内装药100～150g。挂篓的高低应视鱼的吃食习性而定。例如,青鱼喜在池底吃食,则篓应挂在底层;草鱼喜在水上层吃食,则篓应挂在近表层。

在用药前1～2天停止投饲,并在用药的几天内,选择鱼类最喜食的饲料,投饲量要比平时略少,以保证鱼在第二天仍来吃食。这样使鱼类反复多次通过消毒区,即可达到预防的目的。预防一般细菌性鱼病可使用此法。

(2)硫酸铜、硫酸亚铁挂袋法。此法适合于预防寄生性的鱼病,方法似漂白粉挂篓法。只是硫酸铜溶解得快,需使用细密的麻布做成小袋,使硫酸铜在3～4h左右溶完。每袋内装硫酸铜100g,硫酸亚铁40g。挂袋数量视食场大小和水深而定,一般挂袋3～5只。

在进行第一次挂袋时,在池边要细心观察1h,看鱼来吃食的情况,如不吃食说明药的浓度大了,应减少袋数,以挂袋后袋内药物完全溶解而鱼又来吃食为准。

2. 饵料消毒

病原体往往能随饵料进入,因此投放的饵料必须清洁、新

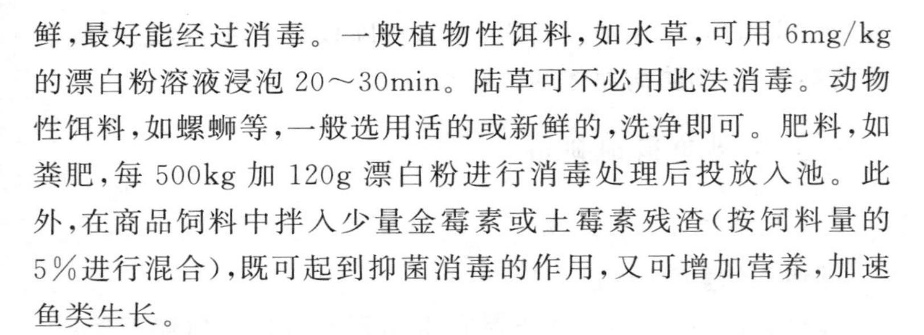

鲜，最好能经过消毒。一般植物性饵料，如水草，可用 6mg/kg 的漂白粉溶液浸泡 20～30min。陆草可不必用此法消毒。动物性饵料，如螺蛳等，一般选用活的或新鲜的，洗净即可。肥料，如粪肥，每 500kg 加 120g 漂白粉进行消毒处理后投放入池。此外，在商品饲料中拌入少量金霉素或土霉素残渣（按饲料量的5％进行混合），既可起到抑菌消毒的作用，又可增加营养，加速鱼类生长。

3. 改进饲养管理方法

鱼病和饲养管理方法有互相制约的关系，只有把饲养管理和防治鱼病紧密结合起来，才能使鱼类少生病或不生病。

（1）合理混养和密养。合理的混养和密养是提高鱼产量的措施之一，对鱼病的预防也有一定的意义。采用混养的方法，各种鱼类栖息在不同的水层，不同种类的鱼的个体密度相对稀松，因而疾病传染的机会也相对减少。密养虽然会使鱼类容易接触病原体，且相互传染的机会增多，但只要采取有效的鱼池饲养管理措施，严格执行鱼病防治措施，就会减少或避免病原体传染的几率。

（2）放养的鱼种要同一来源。同一鱼池要放养同一来源的鱼种，如有困难，也最好是同地区的，切忌一池鱼七拼八凑。各地运来的鱼体大小、肥满系数、抗病力等都有所不同，易造成饲养管理上的困难，而且容易发生疾病。

（3）四定投饲。这项措施主要是通过饲养管理，增强鱼体抗病力。投喂的饲料新鲜（定质）和根据鱼体大小每天投喂鱼类所需的适量饲料（定量），是防止鱼类患肠道疾病的最好方法。定位和定时投饲料，可以养成鱼类在一定时间内到食场吃食的习惯，有利于提高饲料利用率。一旦发生鱼病，在食场周围投放药饵，也能收到更好的防治效果。

（4）加强日常管理。养殖人员每天都要在早、中、晚进行巡塘，掌握鱼池的基本情况：观察鱼类有无浮头现象；注意池水的水质变化情况，定期加注新水；及时捞除残饵及死鱼，定期清理及消毒食场，预防病原体的繁殖和传播。

三、常见鱼病的防治

1. 草鱼病毒性出血病

【病原体】草鱼出血病病毒。

【症状】病鱼的体表及各器官组织充血、出血，鱼体黯黑，严重贫血。病毒性出血病如图 10－1 所示。

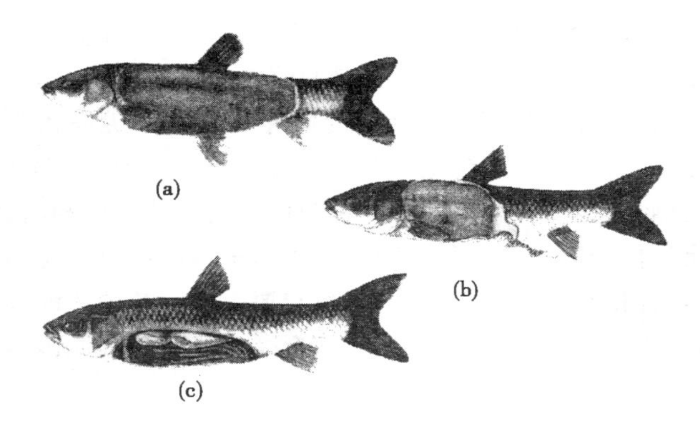

图 10－1 病毒性出血病

(a)病鱼全身肌肉充血；(b)肌肉斑块出血；(c)鳍条基部、鳃盖、肠管及鳔壁出血

【流行情况】危害草鱼鱼种及 1 足龄青鱼，有时 2 足龄以上草鱼也会染上病害。水温在 20～33℃时该病流行，流行最适水温为 27～30℃。

【防治方法】

(1)彻底清塘，加强饲养管理，保持优良水环境，投喂优质饲料，提高鱼体抗病力。

(2)鱼种下塘前，使用质量浓度为 60mg/kg 碘伏(PVP－I)药浴 25min。

(3)鱼种下塘前用灭活疫苗注射、浸浴。

(4)在疾病流行季节,每月投喂抗病毒药饲1～2个疗程。

2. 细菌性烂鳃病

【病原体】柱状屈挠杆菌。

【症状】病鱼鳃上黏液增多,鳃丝肿胀,严重时鳃丝末端缺损,软骨外露。鳃盖内表面皮肤往往充血发炎,中间部分常糜烂成一圆形或不规则形的透明小窗,俗称“开天窗”。鳍的边缘色泽通常变淡,呈“镶边”状。细菌性烂鳃病如图10－2所示。

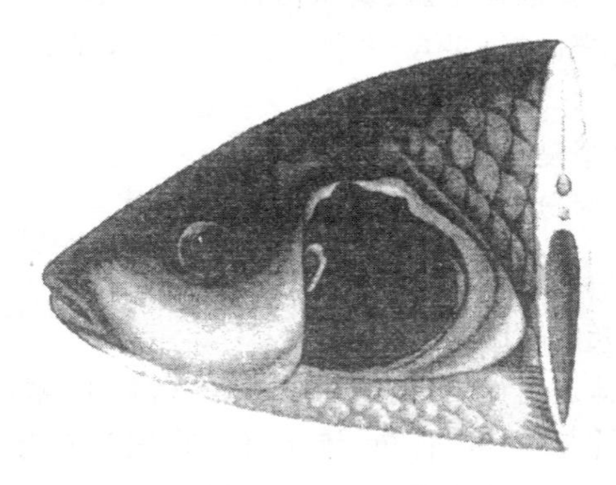

图10－2　细菌性烂鳃病(鳃丝充血并带有淤泥)

【流行情况】主要危害草鱼和青鱼,从鱼种到成鱼均可能受害。鲤鱼、鲫鱼、银鲫、鲢鱼、鳙鱼、团头鲂等也可能受害。该病一般在水温为15℃以上时出现,水温越高越易暴发流行。

【防治方法】

(1)全池定期遍洒生石灰水,池水浓度为15～20mg/kg。若鳃上有寄生虫要及时杀灭。

(2)外泼消毒药、内服抗菌药进行治疗。外用药可使用池水浓度为0.5～0.6mg/kg的优氯净,或池水浓度为0.4～0.5mg/kg的强氯精,或池水浓度为0.2～0.3mg/kg的溴氯海因,或池水浓度为0.2～0.3mg/kg的二溴海因,全池泼洒。内服药可使用鱼复宁,用量为每1 000kg鱼每天用1kg鱼复宁拌饲料投喂,连喂 3 天；或每 1 000kg 鱼每天用 100～200g 克暴灵拌饲料投喂，连喂 3～6 天；或每 1 000kg 鱼每天用复方恩诺沙星20～50g 拌饲料投喂，连喂 3～6 天。

3. 白皮病

【病原体】柱状屈挠杆菌及白皮假单胞菌。

【症状】病鱼最初尾柄处发白，严重时背鳍基部后面的体表全部发白，尾鳍烂掉。

【流行情况】主要危害鲢鱼、鳙鱼苗种，青鱼、草鱼种也有发生。发病快，死亡率高，每年 6～8 月为流行高发季节。

【防治方法】

(1)同细菌性烂鳃病。

(2)夏花应及时分塘，尽量避免鱼体受伤。

4. 赤皮病

【病原体】荧光假单胞菌。

【症状】病鱼体表出血发炎，鳍片脱落，鳍充血，蛀鳍。

【流行情况】危害草鱼、青鱼、鲤鱼、鲫鱼、团头鲂等多种鱼类，一年四季均可发病，体表受伤的鱼体可受感染。

【防治方法】

(1)同细菌性烂鳃、病。

(2)尽量避免鱼体受伤。

5. 打印病(腐皮病)

【病原体】点状气单胞菌点状亚种。

【症状】病鱼在背鳍后的体表有近圆形红斑，病灶处鳞片脱落，最后形成溃疡，甚至露出骨骼或内脏。打印病如图 10－3 所示。

【流行情况】主要危害鲢鱼、鳙鱼，从鱼种至亲鱼均可能受害。一年四季均可发生，尤以夏、秋两季最为常见。

【防治方法】

(1)同细菌性烂鳃病。

图 10-3 打印病

(2)亲鱼患病时,可以肌肉或腹腔注射硫酸链霉素,用量为每千克鱼 20mg。

6. 竖鳞病

【病原体】水型点状假单胞菌。

【症状】病鱼鳞囊内积液,鳞片竖立,眼球突出,腹部膨大,有腹水。

【流行情况】主要危害鲤鱼,鲫鱼、草鱼、鲢鱼等有时也会患此病,从鱼种至亲鱼均可能受害。本病主要发生在春季,最适发病水温为 17～22℃。

【防治方法】

(1)同细菌性烂鳃病。

(2)亲鱼患病,可以腹腔注射硫酸链霉素,用量为每千克鱼 15～20mg。

7. 淡水鱼细菌性败血症

【病原体】嗜水气单胞菌、温和气单胞菌、鲁克氏耶尔森氏菌、斑点气单胞菌等多种细菌。

【症状】病鱼的体表及各器官组织充血、出血,眼球突出,腹部膨大,有淡黄色透明腹水或红色浑浊腹水,肝、脾、肾肿大,脾呈紫黑色,鳃、肝、肾颜色较淡,呈花斑状,严重贫血。

【流行情况】此病是我国养鱼史上危害淡水鱼的种类最多、

危害鱼的年龄范围最广、流行地区最广、流行季节最长、造成的损失最大的一种鱼病。危害的淡水鱼种类有异育银鲫、白鲫、鲫鱼、鲢鱼、团头鱼鲂、鲮鱼、鳙鱼等。该病的流行季节从2月持续到11月,水温为9～36℃时均可发病,尤以水温在28℃以上时最为严重。危害鱼的年龄从2个月的鱼种至食用成鱼。精养池塘、网箱、网栏、网围、水库养鱼均可发生此病害。发病严重的渔场发病率可达100%,死亡率达95%以上。

【防治方法】

(1)预防。彻底清塘,加强饲养管理,定期全池泼洒含氯消毒剂进行消毒。在该病流行季节定期投喂鱼复宁药饲料,每1 000kg鱼使用鱼复宁1kg,连喂2～3天,每月投喂1～2次。

(2)治疗。第1天杀灭鱼体外寄生虫。第2天用池水浓度为0.5～0.6mg/kg的优氯净全池泼洒,或用池水浓度为0.4～0.5mg/kg的三氯异氰尿酸全池泼洒。第3～5天使用克暴灵拌饲料投喂,每1 000kg吃食鱼使用克暴灵100～200g。第6天再用含氯消毒剂全池泼洒消毒。第10天左右全池遍撒生石灰,调节水质。

8. 细菌性肠炎

【病原体】肠型点状气单胞菌。

【症状】病鱼鱼体发黑,食欲减退甚至绝食,肠壁充血发炎,弹性差,肠内有大量黏液,肛门红肿。细菌性肠炎如图10－4所示。

【流行情况】主要危害草鱼、青鱼,鲤鱼也有少量发生。草鱼和青鱼从鱼种至成鱼都可受害,一般死亡率在50%左右,发病严重的死亡率高达90%。该病在水温为18℃以上时流行,流行高峰水温通常为25～30℃。此病常与细菌性烂鳃病、赤皮病并发,又称"草鱼三病"。

【防治方法】

(1)预防。彻底清塘,加强饲养管理。在发病季节,每

图 10－4　细菌性肠炎

100kg 鱼每天用大蒜头（用时捣烂）500g（或大蒜素 2g）、食盐 200g 拌饲料投喂，连喂 3 天，每天 1 次。

（2）治疗。

①外用药。同淡水鱼细菌性败血症。

②内服药。可使用鱼复宁拌饲料投喂，用法、用量同淡水鱼细菌性败血症；或使用强力克菌宁，每 100kg 鱼用 4～5g；或用复方恩诺沙星，每 100kg 鱼用 10～15g，连喂 3～6 天。

9. 草鱼尾柄病（烂尾病）

【病原体】温和气单胞菌。

【症状】鱼体尾部鳞片脱落、发炎，有时继发水霉感染；鳍基充血，鳍条末端蛀蚀，鳍间组织破坏，蛀鳍；严重时尾柄肌肉溃烂，甚至整个尾部烂掉。

【流行情况】危害草鱼种的一种常病，只要鱼的尾部被擦伤或被寄生虫损伤，在水质较差、水中细菌较多时该病就易暴发流行，在水温为 20℃以上时易发生。

【防治方法】同细菌性烂鳃病。

10. 水霉病

【病原体】多种水霉和绵霉。

【症状】肉眼可见，患病的鱼或卵好似生毛一样。水霉病如图 10－5 所示。

图 10-5 水霉病

【流行情况】对鱼的种类没有选择性，凡是受伤的鱼均可被感染，同时可危害鱼卵。最适发病水温为 13～18℃。

【防治方法】

(1)预防。

①彻底清塘，加强饲养管理，避免鱼体受伤。

②亲鱼在人工繁殖过程中受伤后，可在伤处涂 10%的高锰酸钾水溶液，受伤严重时可以肌内注射硫酸链霉素，用量按每千克鱼用量 5 万～10 万单位计算。

(2)治疗。

①全池遍洒食盐及碳酸氢钠合剂(1∶1)，使池水中浓度达到 800mg/kg。

②全池遍洒池水浓度为 2～3mg/kg 的亚甲基蓝，隔 2 天再泼洒 1 次。

③上述两种方法选用一种，同时内服抗菌药，以防细菌感染，效果更好。

11. 鳃霉病

【病原体】鳃霉。

【症状】病鱼食欲丧失，呼吸困难，游动缓慢；鳃上黏液增多，鳃上有出血、淤血或缺血的斑点，呈现花鳃，病重时整个鳃呈青灰色。

【流行情况】危害草鱼、青鱼、鳙鱼、鲮鱼等的苗种，其中鲮鱼鱼苗对此病最敏感。此病流行于 5～10 月，尤以 5～7 月为甚。当水质恶化，水中有机物质含量高时，易暴发此病，在几天内可引起病鱼大批死亡。

【防治方法】目前尚无有效治疗措施，主要采取预防措施对此病进行预防。

(1)彻底清塘，加强饲养管理，注意水质，掌握好投饲量及施肥量，有机肥需经发酵后再入池。

(2)在该病流行季节，定期加注清水，每月全池泼撒生石灰 1～2 次，用量为每立方米水体 20g 左右。

12. 隐鞭虫病

【病原体】鳃隐鞭虫及颤动隐鞭虫。

【症状】患病早期无明显症状；当病情严重时，病鱼游动缓慢，呼吸困难，吃食减少直至绝食，鱼体发黑，鳃或皮肤上有大量黏液。

【流行情况】鳃隐鞭虫主要危害夏花草鱼，颤动隐鞭虫主要危害鲮鱼及鲤鱼的鱼苗，这两种病原体寄生于鱼类的皮肤及鳃上，大量寄生时可引起鱼苗大批死亡。此病流行于 5～10 月，尤以 7～9 月为重。

【防治方法】

(1)鱼池、鱼种消毒，加强饲养管理，注意水质。

(2)全池泼洒硫酸铜和硫酸亚铁合剂(5∶2)，用量为每立方米水体 0.7g。

13. 艾美虫病(球虫病)

【病原体】青鱼艾美虫等多种艾美虫。

【症状】病鱼消瘦、贫血，食欲减退，鱼体发黑，腹部略为膨大。剖开鱼腹，可见前肠比正常的粗 2～3 倍，肠壁上有许多白色小结节，肠壁充血发炎，严重时可引起肠穿孔。

【流行情况】青鱼艾美虫主要危害 1 足龄以上青鱼，大量寄生时可引起病鱼死亡。4～7月为流行发病季节。

【防治方法】

(1)每100kg鱼用2.4g碘拌饲料投喂，每天1次，连喂4天。

(2)每100kg鱼用100g硫磺粉拌饲料投喂，每天1次，连喂4天。

14. 车轮虫病

【病原体】车轮虫。

【症状】严重感染的病鱼通常因寄生处黏液增多，呼吸困难而死。孵化桶内的鱼苗患病时，可表现为“白头白嘴”症状。夏花鱼种患病严重时可表现为“跑马”症状。

【流行情况】病原体寄生在鱼的鳃及体表各处，主要危害鱼苗、苗种，严重感染时可引起病鱼大批死亡。一年四季均可发生，气温高时易引起病鱼大批死亡。

【防治方法】

(1)同隐鞭虫病。

(2)每100m^{2}池塘使用楝树新鲜枝叶2.5～3kg沤水(扎成小捆)，隔天翻一下，每隔7～10天换一次新鲜枝叶，此法用于预防。每100m^{2}池塘使用楝树新鲜枝叶5kg，煎煮后全池泼洒，此法用于治疗。

15. 中华鳋病

【病原体】大中华鳋和鲢中华鳋。

【症状】病鱼呼吸困难，焦躁不安，在池水表层打转或狂游，尾鳍上叶常露出水面，最后消瘦、窒息而死。病鱼鳃上黏液很多，鳃丝末端膨大成棒槌状，苍白而无血色，膨大处有淤血或出血点。中华鳋病如图10－6所示。

【流行情况】大中华鳋主要危害2龄以上草鱼、青鱼、鲢鱼，中华鳋主要危害2龄以上的鲢鱼、鳙鱼。病原体寄生于鱼的鳃上，严重时可引起病鱼死亡。长江流域4～11月均可发病，发病

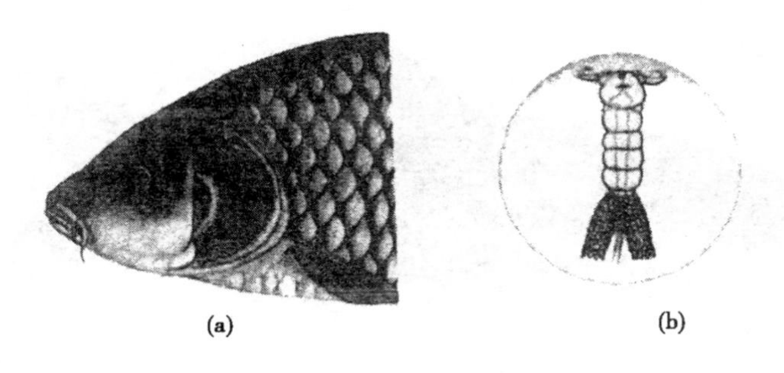

图 10－6　中华鳋病

(a)患病鲤鱼的头部；(b)鲢中华鳋背面

高峰可从 5 月下旬持续至 9 月上旬。

【防治方法】

(1)使用晶体敌百虫和硫酸亚铁合剂(5∶2)全池泼洒，用量为每立方米水体 0.7g。

(2)使用硫酸铜和硫酸亚铁合剂(5∶2)全池泼洒，用量为每立方米水体 0.7g。

16. 锚头鳋病

【病原体】多种锚头鳋。

【症状】锚头鳋寄生在鳞片较小的鲢、鳙等鱼的体表，可引起周围组织红肿发炎，形成石榴子般的红斑；寄生在鳞片较大的草、鲤等鱼的皮肤上，寄生部位的鳞片可被“蛀”出缺口，寄生处亦出现充血的红斑。病原体大量寄生时，病鱼表现不安，食欲减退，由于虫体前端钻入寄主组织内，后半段露出体外，严重时，鱼体上好似披着蓑衣，故有“蓑衣病”之称。病原体大量寄生在鳗鲡、草鱼等鱼的口腔内，可引起病鱼口不能关闭，不能摄食而死。锚头鳋病如图 10－7 所示。

【流行情况】主要危害鲢鱼、鳙鱼、鲤鱼、鲫鱼、草鱼、青鱼等多种淡水鱼类。各龄鱼类都可受到危害；尤以鱼种受害最大，有四五只寄生即可导致病鱼死亡。锚头鳋在水温为 12～33℃时

图 10-7 锚头鳋病

均可繁殖，故该病主要流行于热天。

【防治方法】晶体敌百虫全池泼洒，用量为每立方米水体0.7g，可杀死池中锚头鳋幼虫。根据锚头鳋寿命及繁殖特点，应连续用药2～3次，每次间隔的时间随水温而定，一般为7天，水温高则间隔时间短，水温低则间隔时间长。杀完虫2天后，全池泼洒含氯消毒剂，以防细菌继发感染。

17. 气泡病

【病因】水中任何气体过饱和，都可引起鱼类患气泡病。越幼小的鱼体越敏感，因而此病主要危害幼苗，若不及时抢救，可引起幼苗大批死亡。造成水体中某种气体过饱和的原因很多，常见的有如下3种。

(1)水中浮游植物过多，在有强烈阳光照射的中午，水温高，藻类光合作用旺盛，可造成水中溶解氧过饱和。

(2)在池塘中施放了过多未经发酵的有机肥，肥料在池底不断分解，消耗大量氧气，同时在缺氧的情况下，分解释放出很多细小的甲烷、硫化氢等有毒气泡，鱼苗误食，引发气泡病。

(3)有些地下水含氮过饱和，或地下有沼气，也可引发气泡病。

【症状】病鱼的体表及体内出现大量气泡，病鱼失去自由游动能力而浮在水面，不久即死。

【防治方法】

(1)保持优良水质,加强饲养管理,防止水中气体过饱和。

(2)当发现鱼类患气泡病时,应及时换水或将患病个体移入清水中。

18. 跑马病

【病因】通常发生在鱼苗阶段。鱼苗患此病的主要原因是:经过10多天的饲养,池中缺乏适口饲料,或池塘漏水,影响到水质肥度。天气阴雨连绵之时,鱼长期顶水,体力消耗过大也可引起本病。

【症状】鱼围绕池边成群狂游,驱赶不散,呈跑马状,鱼因大量消耗体力而消瘦、衰竭致死。

【防治方法】

(1)鱼苗放养不能过密,鱼池不应漏水,应及时投喂适口饲料。

(2)病患产生后,应及时检查有无车轮虫大量寄生,若无发现,则可用芦席从池边隔断鱼苗群游的路线,并投喂豆渣、豆饼浆、米糠及蚕蛹粉等鱼苗喜食的饲料,不久即可制止该病发作。

19. 化学物质引起的中毒

工厂的有毒废水、农田中的农药以及生活污水大量流入水体,污染水质及使水体富营养化,引起鱼类中毒、畸变,甚至大批死亡,并且有毒物质可通过鱼类的蓄积进而毒害人类。因此,一定要做好环保工作,防止水质污染,池塘用水应符合渔业水质标准。

四、用药方法与常用鱼药

1. 常见的用药方法

鱼池施药应根据鱼病的病情、养鱼品种、饲养方式、施药目的(是治疗还是预防鱼病)来选择不同的用药方法。基本用药方法有以下 6 种。

(1)全池泼洒法。全池泼洒法是池塘防治鱼病的最常用方法。这种方法是将整个池塘的水体作为施药对象,在正确计算水量的前提下,选择适宜的施药浓度来计算用药量,然后把称量好的药品用水稀释,均匀泼洒到整个池塘的水体中,以防治鱼病。使用这种方法消毒水体比较全面、彻底,其缺点是成本较高,所以此法多应用于高产精养池塘。对于低产池,一般在发生严重鱼病时才会使用,而且多使用较廉价的药物。

(2)挂袋法。挂袋法即在投饲台前 2～5m 呈半圆形区域悬挂药袋 4～6 个,内装药量以 1 天之内溶解且不影响鱼前来吃食为原则。可用粗布缝制药袋,或直接将小塑料袋包装的药品扎上小眼悬挂使用。此法适用于在驯化投喂池塘防治吃食性鱼类的鱼病,但在鱼病发生后期,鱼类吃食不好时不能使用。其优点是节省用药成本,操作方便,对水体的污染小。

(3)浸洗法。浸洗法即在一个容器内(一般用大塑料盆或搪瓷浴盆)配制较高浓度的药液,然后将鱼放入容器内浸洗一定时间后捞出,即能杀灭鱼体体表和鳃上的病原体。浸洗时间视鱼类品种、药物种类、浓度和温度灵活掌握。此法的优点是作用强,疗效高,节省用药量。其缺点是不能随时进行,只有在鱼种分池、转塘时才能使用。

(4)口服法。口服法是驯化养鱼常用的用药方法之一。操作时将药物按饲料的一定比例加入其中,混合制成颗粒药饵投喂,用于治疗鱼类的内脏病、出血病、竖鳞病等。其优点是疗效较彻底,药物浪费少,节省成本。缺点是对病情较重、吃食不好的鱼没有作用。

(5)注射法。多用于亲鱼的催产和消炎,一般采用胸腔、腹腔、背部肌肉注射。

(6)涂抹法。用于亲鱼的伤口消炎,常使用紫药水或碘酊。

2．鱼池水体及用药量的计算

(1)采用全池泼洒法。用药时必须先准确计算出鱼池水体积，为此先要测量鱼池的长度、宽度和水深(圆形池塘需测出半径)，再依下列公式计算体积。

该式适用于方形或长方形鱼池：

鱼池体积(m^3)＝长度(m)×宽度(m)×平均水深(m)

该式适用于圆形鱼池：

鱼池水体积(m^3)＝3.14×鱼池半径平方(m^2)×水深(m)

需要说明的是，长方形鱼池一般是有坡度的，其横断面呈梯形。在计算体积时，其长度和宽度的测量应以水面至池底的1/2处为准。

(2)用药量的计算。

全池泼洒用药量(g)＝池水体积(m^3)×用药质量浓度

浸洗用药量(g)＝用水量(m^3)×浸洗药质量浓度

口服药量(g)＝鱼池载鱼量(kg)×每千克鱼的服药量(g)

混饲配制质量浓度(％)＝用药量/(载鱼量×日投饲率)×100％

3．常用药物使用方法与禁用药物

治疗鱼病要以不用或少用药物为上策，即以预防为主，重视环境消毒，将病原生物拒于水体之外。这样，既可节省用药费用，又不会污染环境，还可使养殖鱼类免遭损失。若在养殖鱼类发病后进行治疗则比较困难，即使治好，也会遭受不可弥补的损失。目前，在水产养殖生产中，滥用药物的现象时有发生。选择药物要遵循以下5点原则。

(1)在养殖鱼类鱼病控制过程中，进行诊断、预防或治疗疾病所用的药物必须符合《中华人民共和国兽药典》、国务院《兽药管理条例》、《兽药质量标准》、《中华人民共和国兽用生物制品质量标准》等有关规定。

(2)选用自然降解较快、高效低毒、低残留药物，保证养殖生产地域环境质量稳定，即保证水资源和相关生物不遭受损害，生物循环和生物多样性得到保护。

（3）选用价格便宜、药源丰富的药物。由于养殖水体通常很大，需要大量的药物，所以，要选择疗效高而且价廉易得的药物。

（4）选用使用方便的药物。

（5）应建立并保存养殖鱼类鱼病预防和治疗记录，记录中应包括发病时间、发病症状、发病率、死亡率、治疗时间、治疗用药的经过、所用药物的名称和主要成分等内容。

第十一章　养殖管理

第一节　日常巡塘管理

一、日常巡塘的基本内容

1. 日常巡塘的基本内容

(1)经常巡视池塘,观察鱼类动态。每天早、中、晚巡塘3次。黎明是一天中溶氧最低的时候,要检查鱼类有无浮头现象。如发现浮头须及时采取相应措施。午后14:00～15:00是一天中水温最高的时候,应观察鱼的活动和吃食情况。傍晚巡塘主要是检查全天吃食情况和有无残剩饵料,有无浮头预兆。酷暑季节,天气突变时,鱼类易发生严重浮头,还应在半夜前后巡塘,以便及时采取措施制止严重浮头防止泛塘事故,此外,巡塘时要注意观察鱼类有无离群独游或急剧游动、骚动不安等现象。如发现鱼类活动异常,应查明原因,及时采取措施。巡塘时还要观察水色变化,及时采取改善水质的措施。

(2)做好池塘清洁卫生工作。经常清扫食台、食场,一般每2～3天清理1次,每半月用漂白粉消毒1次。池内残草、污物应随时捞去,清除池边杂草,保持良好的池塘环境。如发现死鱼,应检查死亡原因,并及时捞出,不能乱丢以免病原扩散。

(3)根据天气、水温、季节、水质、鱼类生长和吃食情况,确定投饲、施肥的种类和数量,并及时做好鱼病预防工作。

(4)掌握好池水的注排,保持适当的水位,做好防旱、防涝、防逃工作。

(5)做好防治鱼病工作。要建立完整的鱼病日常记录。为每个池塘编号登记,记录鱼群活动、鱼病防治等内容,以便及时发现问题,及时解决,也有利于总结经验,指导今后的养殖生产。

(6)合理使用渔业机械。如排灌机械中的水泵,以及增氧机械中的增氧机等。同时也要搞好渔业机械设备的维修保养和用电安全。

2. 日常巡塘的注意要点

根据各地的经验,精养池塘日常管理可综合归纳成"早、看、勤、防、定、消"六方面,每一方面又含 4 项重点内容。养鱼的一切物质条件和技术措施,都要通过日常的管理工作,才能发挥其效能。

(1)"四早"。"四早"指早清整池塘,早放养鱼种,早投饲开食和早定专人管理。

(2)"四看"。"四看"指看鱼的活动情况,看水质的变化,看天气情况,看当时的季节。

(3)"四勤"。"四勤"指勤巡塘观察,勤查看鱼类的生长和健康状况,勤做好池塘清洁卫生、预防病害,勤研究、钻研养鱼技术,妥善解决生产中的具体问题。

(4)"四防"。四防指防止发生泛塘,防治鱼病,严防因水涝或干旱而受灾,谨防偷盗、毒害池鱼事件的发生,加强管理,保证安全生产。

(5)"四定"。四定指施肥投饲应做到定量、定质、定时、定位。

(6)"四消"。四消指鱼种消毒、饲料消毒、工具消毒和食场的定期消毒工作。

二、池塘水质的观察和管理

日常的管理工作,其内容可形象化地归纳为管吃、管水、管浮头和管防病。即正确掌握并合理调控水质与饲料肥料,溶氧与浮头，能流、物质循环与淤泥积聚三对因子之间的关系。水质和饲料肥料是主要矛盾，在管理中应正确理解和充分认识这三对因子的关系和作用。

1. 水质与饵肥管理

为了取得池塘高产量，既要为鱼类创造一个良好的生态环境，又要保证鱼类不断获得量足质好的饲料，保证其快速生长。在高密度精养池塘中，由于大量施肥投饲，往往造成水质过肥，甚至恶化，不仅限制了继续投饲施肥，还易发生严重浮头或泛塘；如果限制饲料和肥料的用量，使水质清瘦，会使产量降低，达不到预期的目标。可见，在生产全过程中，水质与饲料肥料是一对互相依赖、互相对立但又能互相转化的矛盾。为了稳产高产，必须人为地促使其向有益的方向转化，满足养鱼的要求。以水质与饲料肥料为表现型的矛盾，实际上是天气、饲料、肥料、水质、营养、鱼类个体和群体等因素，通过相互联系、相互影响，由水质与饲料肥料的关系反映出来。我国池塘管理中解决这对矛盾的经验是水质应保持“肥、活、爽”，投饲施肥保持“匀、足、好”。

2. 控制水质的原则

按照“匀、足、好”的原则投饲施肥来控制水质，还可采用合理使用增氧机、及时加注新水等方法改善水质，使水质达到“肥、活、爽”的标准。良好的水质，不但为继续投饲施肥创造了条件，而且因营养物质的不断补充，水质可以保持稳定的“肥、活、爽”。

为保持全年有良好的水质，可按“放入腊水，培育肥水，注意转水，调控老水”的池水管理基本要求，做好具体工作。

搞好水质管理是日常管理的中心环节。青鱼、草鱼喜清水，鲢鱼、鳙鱼则需有丰富浮游生物的肥水，为兼顾水质必须做到“肥、活、爽”。

实践证明，保持水质“肥、活、爽”，不仅给予滤食性鱼类丰富的饵料生物，而且还给予养殖鱼类良好的生活环境，为投饲达到“匀、好、足”创造有利条件。保持投饲“匀、好、足”不仅使非滤食性鱼类在密养条件下最大限度地生长，不易得病，而且使池塘生产力不断提高，为水质保持“肥、活、爽”打下良好的物质基础。它们互相依赖、互相补充、互相制约。为提高单位面积产量，必须促进鱼类快速生长，这就需要大量的物质基础——饲料（包括肥料），而控制水质的目的也是为了更有效地投饲和施肥。由此可见，矛盾的主要方面是投饲和施肥。因此，在池塘管理中，必须时刻掌握投饲、施肥的主动权。生产上运用看水色、防浮头的知识，采用加注新水、合理使用增氧机等方法来改善水质，使水质保持“肥、活、爽”，又采用“四看”“四定”等措施来控制投饲和施肥的数量和次数，使投饲保持“匀、好、足”，以利于水质稳定。

3. 池塘水质管理措施

（1）保持池水溶氧充足。通过适时追肥，控制池水适宜肥度，促使浮游植物光合作用，以进行生物增氧；清除淤泥、污物，限制施用有机肥，尽量减少池塘耗氧；注入新水增加池水溶氧；架设增氧机人为向池塘增氧。

（2）控制池水透明度。这是最容易测的数据。池塘透明度增大，使光透入水的深度增加，浮游植物光合作用水层也增大，整个池塘的溶氧增加。滤食性鱼类为主的池塘，透明度一般在20～25cm，肉食性鱼类为主的池塘，透明度一般在30～35cm。可以通过加注新水或减少施肥量来调节。

（3）调节好pH值。弱碱性水（pH值为7.5～8.5）是鱼类及其饵料生物的最佳生活环境。可以从4月开始，每20天向成鱼池泼洒1次生石灰（浆），每次每亩用量25kg。

（4）控制水温。鱼类生长的最适水温为26～28℃，可以通过加注新水予以调节。以晴天下午2:00加注为好，切忌傍晚加水，以免引起浮头。

（5）控制水深。应根据季节，使池塘水深不断变化，以实现提温、降温、增加水容量和改善水环境的目的。增加水深可以增加鱼类的活动空间，相对降低了鱼类的分布密度。同时池塘蓄水量增大,也稳定了水质。一般开春后池塘水深在0.9～1m有利于日照升温;4～5月加深到1.2～1.5m;6～9月加深到2～2.5m或2.5～3m。越冬时冰下保持2～2.5m水深。

池塘管理的主要技术措施都是围绕这一矛盾进行的。管理中只有抓住主要矛盾的主要方面,兼顾其他矛盾,才能夺取高产。

三、浮头的观察和管理

1. 浮头产生的原因

池塘成鱼养殖由于放养密度大,投饲施肥量大,水中有机物和耗氧因子多,容易发生鱼类因缺氧而产生的浮头现象。严重浮头时能造成鱼类窒息死亡,即泛塘,给生产带来损失。具体原因可分为以下几点。

(1)浮头是池水过肥的标志。当气温很高的夏季,白天表层水温较底层水温度高出很多,尤其当突然发生雷雨天气时,会使表层水温迅速下降,以至比底层水温还低,由于温差的原因,上层水会很快下沉,从而把表层浮游植物光合作用产生的丰富溶氧全都带入池底,被底层有机物氧化作用消耗殆尽,这样整个池塘表层仅有的溶氧立即消失,池塘会马上缺氧,所以鱼类只能浮出水面寻求生存。

(2)夏季天气连续阴雨,池塘中浮游植物光合作用差,而池中一切生物都在耗氧,所以池塘出现"氧债",鱼类便要浮头。

(3)浮游植物本身,既是溶氧的生产者,同时,它的生命活动过程中也要消耗氧,当浮游植物繁殖过量时,恰遇天气突变便会大量死亡,其腐败过程中不仅消耗溶氧,还会产生有毒气体,也会导致鱼类浮头。

2. 浮头的预测预报

浮头的种类不同,发生的程度不同,应采取的技术措施也不同。当发生严重浮头时,必须加以解救,才能避免损失。因此,如能对浮头的发生进行预测预报，将有助于生产管理。

鱼类浮头前会有一定的预兆，测报浮头的方法就是依靠观察这些预兆，并加以分析来进行。即在容易发生浮头的4～10月，每天清晨和傍晚各巡塘观察一次，将观察到的有关情况，加以综合分析，然后进行测报，应观察的内容如下。

(1)天气与季节。在四五月份，水温逐渐升高，投饲施肥量增大，水质逐渐转浓，当天气变化时容易引起暗浮头；梅雨季节与白露之前，因连绵阴雨，或突然发生晴雨变化，或闷热、无风、气压降低，或因雷阵雨发生前的高气温、低气压等不正常的天气，都容易引起池中耗氧量剧增，氧气入不敷出，水质恶化，引起浮头。如水质极度恶化，还可能发生泛塘。

(2)鱼类的摄食情况。鱼类摄食情况的变化是鱼类对溶氧量变化的一个反应表现，又是便于观察的内容，所以是测报的重要依据之一。当鱼无病时，如从下午起食欲出现减退，摄食量骤降，表明水中氧况不佳，将发生浮头。若见到草鱼衔草漫游或停食漫游，表示水中含氧量已相当低，容易发生浮头。

(3)水色的变化。一旦池水出现水色剧变或生成浮游植物水花，说明池中氧况发生剧烈的变化。如水色骤然转变成浑浊的浓黑色时，则表示池中有机物正在大量分解或浮游生物已大量死亡并开始腐败，将发生严重浮头。

(4)其他情况。在晚间巡塘时，如见有鱼受惊跳动，水面出现由野杂鱼引起的阵阵水花，池边可见小鱼游动或虾、螺向岸边爬等现象，都表明池水含氧量已出现不足，鱼类正在发生轻度的浮头。

3. 浮头轻重的判别

鱼类浮头也分轻重，一般按下述情况来判断浮头的轻重。

(1)浮头的时间。从傍晚至翌日清晨期间，浮头出现的时间越早，则浮头的程度越严重。浮头在黎明时开始为轻浮头，日出后浮游植物进行光合作用，放出氧气，水中溶氧增加，浮头便可逐渐消失。如在上半夜或半夜开始浮头，情况就严重了。

(2)浮头时池鱼的分布状况。若浮头的鱼类仅局限在池塘的中间部分或集中在上风处，则浮头的程度较轻。当浮头鱼类所占据的水表面积越来越大，则浮头较严重。如鱼的分布已达池边和下风处时，浮头已十分严重。

(3)鱼受惊的反应。当稍受惊动，鱼即下沉，稍停，复又上浮时，浮头轻。受惊后，未见鱼下沉，则浮头重。

(4)浮头鱼的种类。池中各种鱼对缺氧浮头所反映的次序不一样，可依此来判断浮头轻重。当只有罗非鱼、鳊鱼浮头时，是一般的轻浮头；鲢鱼、鳙鱼、草鱼浮头，则浮头已重；当青、鲤鱼也开始浮头，是严重浮头。当池中鱼类全部浮头，呼吸急促，游动无力，青鱼体色转白，草鱼体色变黄时，是将发生泛塘的表现。

4. 浮头的种类和预防、解救

应按浮头的种类，结合预防与解救措施，分述如下。

(1)一般浮头。因投饲多、施肥足而发生的浮头，是一般浮头。只要不遇到恶劣天气，并经常注入新水，适当地降低池水肥度，提高透明度，增加溶氧量，水质得到改善，浮头的程度就能得以控制。凡已发生浮头或已见浮头预兆，必须适当地减少投饲施肥数量，避免加重浮头。

采用经常注水的措施，可确保鱼类太平无事，故添注的新水被称为“太平水”。太平水千万不可在傍晚时注入，以免引起池水的对流，致使半夜前后就出现严重的浮头。

(2)暗浮头。这是发生在春末夏初时的一般浮头。因此时的水温较低，鱼体又小，发生浮头时仅群集在水体上层散乱状游动，并不浮至水面，虽形成阵阵水花，却不易察觉。由于鱼刚经过越冬，体质较弱，耐低溶氧的能力差，且因浮头又易与鱼病同时发生而出现死亡，俗称“冷瘟”。所以，生产中对此时发生的浮头应比较重视，除应加强巡塘严加注意外，还应采取及时、适量的注水措施，予以预防。

(3)其他。由于天气或水质的突变或因生产发生意外而引起的浮头应加强管理。如严防施肥投饲过量;严禁有毒、有害物质流入池塘;当预测将出现不正常天气时,要及时减少投饲施肥数量;傍晚前,应把未吃完的残饲全部捞出;估计将发生浮头时,应适时加注新水,或在有条件时开增氧机增氧。万一发生严重的浮头或虽已注水仍不能缓解时,可采用边排边注的方法进行换水抢救。当池塘远离水源,或水源水量不足,或水源遭到污染而不能使用时,可开增氧机解救;无增氧机时,可采用两口池塘池水循环的办法急救。

四、异常情况的处理

生产实践证明,池塘管理是养鱼产量高低和成败的关键。养鱼的管理工作要求细致深入,坚持不懈。尤其是出现异常情况时,应该妥善处理,具体方法如下。

1. 加强投喂

夏季是成鱼生长速度最快的季节,这个阶段要千方百计让鱼吃饱吃好。当水温在20～28℃时,鱼群生长最旺,饲料效率最高,应抓紧时机进行高强度投喂。要投喂清洁饵料,饵料以青料为主、精料为辅。一般精饲料每天投喂2次,青饲料每天投喂1～2次,鲜活贝类每天投喂1次。同时,由于气温较高,草食性鱼喜食凉水性水草饵料,要充分利用自然资源,做到以粗代精、以草换鱼。投饲量可根据以下具体情况灵活掌握。

(1)池鱼摄食情况。精饲料以投下后半小时内吃完为度;青饲料以当天吃完为度,贝类以下次投喂前吃完为度。

(2)天气情况。天气晴朗,水中溶氧量高,鱼群摄食量大,应适当多投;天气闷热,水中溶氧量低,鱼群摄食差,残饲易腐败变质,应少投或不投。

(3)池塘水质情况。水质清爽,鱼群摄食旺盛,应多投;水质不好,应少投或不投。

2. 合理施肥

主养肥水性鱼类的池塘在夏季应注意合理施肥，防止施肥不当败坏水质。5～6月以施有机肥为主，一般7～10天施肥1次；7～9月少施或停施有机肥，改施化肥，4～6天施肥1次。人畜粪便等有机肥每次每亩施100kg左右，隔7～10天施肥1次，化肥每次每亩施100kg左右，隔7～10天施肥1次。具体施肥量依池水肥度、水质情况、天气情况等而定。一般将池水透明度保持在25cm左右，水色以茶褐、绿褐、黄绿、油青色为佳。鲢、鳙鱼每3～5天轻浮头一次为适度肥水。透明度过大，水色过淡，要加大施肥量；反之，透明度过小，水色过浓，应减少或停止施肥。天气闷热或阴雨连绵时要少施或不施。鱼吃食不旺或暴发鱼病时，要停施或不施。一般根据“少量多次”的原则施用，并要坚持巡塘制度，及时掌握情况，调整施肥量。

3. 坚持巡塘

每天要巡塘2～3次，黎明前后看有无鱼浮头，午后查看鱼的摄食情况，日落检查鱼的全天吃食状况，有无浮头预兆。在春夏之交，天气多变，或盛暑酷热，天气突变时，应在午夜前后巡塘，防止严重浮头。

由于水温高，溶氧少，有机物分解剧烈，入夜光合作用停止，呼吸作用旺盛，大量耗氧，会使鱼发生浮头。应根据天气和鱼的动态来预测和判断浮头的轻重。天气闷热、水温高、水质肥，鱼的食量忽然下降，池鱼集中在水上层散游而不下沉，早晨发现有小虾死亡，都预示池中氧气减少，水质恶化，将有浮头情况发生，特别是天气由闷热转为阴雨时，浮头将在午夜前发生。

防止浮头的办法主要有以下几种。

(1)发现池鱼有浮头迹象时，停止投饲施肥。

(2)注水。注水可以增加水中氧气，调节水质。

(3)若水源有困难，每亩水面可用黄泥100kg加食盐5kg或生石膏2.5kg调水成浆，全池遍洒，予以急救。

4. 除杂去污

池塘经过一年的养殖，一般都会在池塘堤坝上生长一些杂草，这些杂草多了，就会影响池塘的生态环境。应经常捞掉剩下的陈草、残渣，清除不能腐烂的大草茎根；经常移动草架，清洁食台，向草架和食台部位撒生石灰，定期进行药物预防；注意驱除鸟兽敌害。

5. 调节水质

进入夏季后气温升高，池水不宜过肥，一般池水透明度控制在 30cm 左右。为此，要根据养殖品种及放养量勤换新水，通常 10 天左右换 1 次水，每次换水 15～20cm，每半个月按 15mg/L 的用量撒 1 次生石灰。闷热天气肥水池塘容易泛塘，要经常巡塘，根据天气及水色的变化及时加注水和采取人工增氧措施。

第二节　养殖管理的日常记录

做好池塘的原始记录，建立健全养鱼档案，也是日常工作的一项重要内容。以便于分析情况，总结经验，改进养殖技术，制订增产措施，在不断认识与掌握养鱼生产客观规律下，真正做到科学养鱼。与此同时，因能为经营提供可靠的数据，从而利于找到降低生产成本、提高经济效益的有效途径，加快发展生产的速度。

日常记录的主要内容有天气情况、放养情况、投饲施肥情况、鱼病的防治情况和成鱼的捕捞收获情况等。如将绘制的各表印刷、装订成管理手册，每池一册，使用时则会更加方便。总结经验对今后生产的发展也具有重要的意义。

1. 日常记录的内容

(1)水质状况。每天对池水温度、溶氧、水色、透明度、天气等进行测量记录。测量水质最好选定一个池塘，固定位置和水层，以便逐日对照比较。

(2)饲料投喂。记录每天的投饲时间、投饲种类和投饲数量。

(3)鱼的活动。记录每天鱼类活动及摄食情况。

(4)鱼病记录。记录病鱼数量和症状、用药等防治措施，记录死鱼数量以及死亡原因。

(5)鱼的生长。定期测量、记录鱼的生长情况并记录鱼种放养日期、种类、数量、规格和产地。

(6)鱼种放养。记录每次鱼种放养的数量、种类和时间。

(7)施肥记录。记录每次施肥的数量和时间。

2. 日常记录的要求

定期检查鱼的生长情况，做好每天池塘管理记录，要求每15天或30天打样1次，测量鱼个体重量和长度并据此调整投饲量。记录每天池塘管理中的情况，包括时间、天气、水温、水色、投饲种类与数量、水质管理、鱼体生长、病害防治等。池塘养殖中要有专人负责，记录要完整、详细，便于总结提高其养殖技术。

养殖场要做到每个池塘一本账，每个池塘都有日常记录（俗称塘卡），对各类鱼种的放养日期、尾数、规格、重量，每次成鱼的收获日期、尾数、规格、重量，每天的投饲、施肥的种类和数量，以及水质管理和鱼病防治情况等，都应有相应的表格记录在案，以便总结和积累经验，作为以后制订计划、改进养鱼技术的参考依据。此外，在鱼类主要生长季节，应定期检查生长情况（一般1个月1次），以便了解养鱼实施的效果，及时采取相应措施，加速鱼类生长。

第十二章　成鱼捕捞与运输

第一节　成鱼捕捞

一、捕捞用具

1. 捕捞用具简介

(1)捕捞网具。成鱼池塘轮捕时用网目为目大 5cm 的尼龙网片，捕罗非鱼和年底捕捞套养鱼种时则用目大 1cm 的尼龙网片。每幅网片长 30m，高 5m，拼装而成。网长一般超过池长的 1/2。在网的一端将上下纲合并，网衣相连形成网袋，这一端称网头。网头部有长 10m 左右的铁链 1 根，串在下纲处，使下纲紧贴池底，在最后起网时，防止逃鱼。

制造网具的材料有网线、网片、绳索、浮子和沉子等。而其中网线、网片、绳索的主要原料是纤维材料。

制作浮子的材料主要有木材、塑料等；制作沉子的材料主要是铅、铁等。

(2)捕捞用具的结构。刺网是网衣的主要结构。刺网由若干长方形网片连接成的一列长带形的网具。刺网的特点是结构简单、操作方便、作业环境多样，可捕各种形态的鱼类，具有较强的选择性，能捕大留小，有利于渔业资源的保护，而且网具成本低廉，并可与其他渔具兼作或轮作。

刺网按结构分为单层刺网、多层刺网、框刺网、混合刺网等，按作业方式可分为定置刺网、流刺网和拖网 3 种。其中渔业生产中应用最广泛的是单层刺网和三层刺网2种。

2. 捕捞用具的使用方法

(1)网具的修补。捕捞之前应先检查网具是否有破损,发现破损应该及时进行修补,防止发生不必要的损失。

(2)网具的准备。在捕捞前几天要把捕捞用具准备好,有条件的地方最好把网具拉开、铺平。

(3)网具的使用。在池塘捕捞的时候,首先要根据池塘水面的大小以及捕捞的对象选择合适的网具。以一个10亩的池塘为例,选择大小合适的网具。然后将网从池塘一边放入水中,两队人分列在池塘两边,然后在对岸向池塘的另一端牵拉。一队人在岸上操作,边踏下纲边拉动网具;另一队人拉动网具上纲,使网具呈圆弧形的轨迹运动,当两队人集中在一起时,就可以把池塘里面的鱼捕捞起来了。

二、捕捞作业

1. 捕捞作业简介

夏秋季捕鱼,渔民称捕"热水鱼"。由于水温高,鱼活动能力强,捕捞较困难。加之此时鱼类耗氧量大,鱼不能忍受较长时间的密集,捕捞在网内的鱼大部分要回池继续饲养,如在网内时间过长,轻则容易受伤,影响生长,重则缺氧闷死。因此,夏秋季节捕捞是一项技术性较高的工作,捕捞时要细致、熟练、轻快和正确。

2. 捕捞作业前的准备工作

(1)捕捞时间。夏秋季节要求在水温较低、池水溶氧较高、能见度较好的时候捕捞。一般以晴天上午7:00~9:00为最佳。如在清晨或下半夜拉网应选择晴天,在天气凉爽、池水溶氧较高时进行。这时捕捞对池鱼的影响最小,又能及时将捕起的鲜鱼供应早市。当发现鱼有浮头预兆或正在浮头时,严禁拉网捕鱼。

傍晚不能拉网，以免引起池塘上下水层提早对流，增加夜间池水耗氧因子。这样容易造成鱼类浮头，甚至造成不必要的经济损失。

(2)捕捞准备。如果用拉网捕捞，白天就要做好准备工作，把池塘水面上有碍拉网的杂物清理干净。

(3)捕捞网具的选择。如果用柔软的维纶渔网，网的高度应尽量与鱼塘水深相吻合。如果用尼龙网在水面较大的池塘中捕捞成鱼，网眼宜在8cm左右，这样捕捞的鱼大多在0.5kg以上。

(4)池塘消毒。没有引注新水的肥水塘，在拉网前可用生石灰对水泼洒全塘，每亩水面用生石灰8～10kg，或在拉网后用漂白粉对水(每立方米水体用1g漂白粉)泼洒、消毒。

3. 捕捞作业的注意事项

在池鱼快速生长期内以及在水温高的夏秋季节捕鱼，必须注意捕鱼技术，否则会引起鱼类伤亡或捕捞效果不佳。由于此时的水温高，鱼的活动力强，耗氧量大，鱼不耐较长时间的密集，加之网内的鱼有相当数量尚未达到上市规格还要继续留养，鱼体不能受伤等缘故，增大了捕捞的难度。捕捞作业一般应注意以下几点。

①捕捞的前一天不要喂饲料，遇到鱼浮头时不宜急于拉网，要马上加注新水，增加水的溶氧，待鱼不浮头时再拉网。否则，易引起泛塘。

②捕捞操作要求熟练，并力求做到细致与迅速，尽量不使池鱼受到机械伤害。

③必须选择天气晴朗、比较凉爽、鱼类活动正常的日子进行捕捞，切忌在闷热天气或鱼类生病、有浮头征兆或已浮头的情况下捕捞。

④捕捞时间要求在一天中水温较低、溶氧较高时进行，另外，因常需将捕出的食用鱼及时供应早市，因此，捕鱼可安排在下半夜至黎明前进行。不过，各地情况不尽相同，应具体情况具

体分析,但傍晚不能拉网,以免引起上下水层提早对流,造成严重缺氧泛塘。

⑤鱼起网后,要先放在沾满露水的草地上摊开透气,待鱼体凉爽后装进鱼篓或塑料袋里。如果起网后马上装袋(篓),不利于鱼的保鲜。

⑥鱼被围在网中后,首先要把未达上市规格的留养鱼迅速放回池中,以免密集过久而影响其生长。

⑦拉网之后,因搅动了底泥,有机物的分解加快,池水耗氧量会急剧增加,池水又因搅动底泥而增大浑浊度,减弱浮游植物的光合作用;鱼类受拉网的刺激,会大量分泌黏液,黏液的迅速分解,易于败坏水质。因此,捕捞后必须立即加注新水或开动增氧机,使鱼有一段顶水时间,以冲洗鱼体分泌的过多黏液(特别是鱼鳃内),增加池水溶氧,防止浮头。在白天捕捞热水鱼,通常需加水或开动增氧机 2h 或用水泵大量注入新水以增加池水溶氧量。在夜间捕捞热水鱼,则加水或开增氧机的时间与解救鱼类浮头相同。增氧机或加水一般都要至日出后,不发生浮头才能停机。

第二节 活体运输

活体运输是养鱼生产中不可缺少的环节,所以如何提高活体运输的成活率,是一个十分重要的问题。

一、活体运输的器具

1. 活体运输器具的分类

活体运输工作主要分为运输操作工具和运输装置两部分。在运输操作工具中主要包括尼龙袋、帆布桶、鱼篓、挑篓、笆斗、出水等。运输过程中的运输装置可分为活鱼运输箱和活水船等。其他还有如击水板、水桶、空气压缩机、氧气瓶、柴油机等,以及近年兴起的矩形弧面胶袋、装鱼箱等。

2. 活体运输器具的使用方法

(1)尼龙袋。尼龙袋多为运输鱼苗、鱼种用，一般长 70cm，宽 40cm，袋口偏于一边，突出长 12～15cm，口宽 8～10cm。运输亲鱼用的袋可用直径 35cm 左右的塑料筒扎成比鱼体略长的袋。

(2)帆布桶。帆布桶由帆布袋与铁架(或木架)两部分组成，有圆形的，也有方形的，容积一般为 0.6～0.7m^3，底部设有放水用的管。

(3)鱼篓。鱼篓用竹篾编成，内贴棉纸并用柿油油漆，大小与帆布桶相似。鱼篓造价低，但是不耐用，一般只能用一年。

(4)挑篓。挑篓多为挑运鱼苗、鱼种用，形状不一。挑篓用竹篾编成，内壁糊以柿油纸，高 33cm 左右，口径 50cm。

(5)笆斗。笆斗是用白铁皮做成的舀水工具，口端有圆形把柄，口径 30cm 左右，底部略小，高约 20cm。

(6)出水。出水是换水用的出水器，竹篾编成，外包筛绢，规格不一，以能放入笆斗舀水为准。

(7)活鱼箱。活鱼箱是用钢板或铝板焊接用以装载活鱼的容器，安装在载重汽车上，适宜于运输食用鱼。箱内配有增氧、制冷降温装置及抽水机等。

(8)活水船。在水网地区，活水船仍被广泛用于食用鱼及亲鱼和鱼种的运输，目前均已配以动力。

(9)其他工具。如击水板、水桶、空气压缩机、氧气瓶、柴油机等，以及近年兴起的矩形弧面胶袋、装鱼箱等。

二、活体运输

1. 活体运输前的准备工作

(1)选择运输的方法。根据鱼的种类、大小、数量和运输等确定运输方法，准备好交通工具。

(2)准备好运输中需要的用具,经检查无破损后才能使用。

(3)调查、了解运输途中水源和水质情况,安排好途中加水、换水地点。

(4)做好拉网锻炼。

2. 活体运输的方法

近年活鱼市场急速成长,且以高经济价值鱼类为主。市场上活鱼的价格比冰鲜鱼高1倍以上。如何以活鱼状态送至消费者手中,是目前活鱼运输迫切需要解决的问题,它将在一定程度提高养殖者的经济效益。

(1)开放式运输法。把鱼放在盛好水的不封闭的容器中运输。主要分为以下几种方法。

①肩挑水桶或挑篓方法。肩挑水桶或挑篓适用于近距离运量不大的情况。

②帆布桶或鱼篓运输。帆布桶或鱼篓内壁衬塑料袋装水高度为篓面的2/3或3/4,放在汽车、火车等交通工具上。

③活水船运输。广东、浙江等地用活水船运输较多,近年来逐渐普及。在水路运输方便,运程较长的地方可用此法。该法设备简单,操作方便,适合于大批量的活鱼运输。

(2)充氧封闭式运输。

①尼龙袋充氧运输。尼龙袋充氧运输是较为普遍的一种运鱼方式,运输密度大,成活率高,搬运方便。

②帆布桶内衬尼龙袋充氧运输。帆布桶内衬尼龙袋充氧运输适用于汽车、火车、船只等交通工具,这是一种最实用、最普遍的运鱼方式,运量大、效率高。

③矩形弧面胶袋运鱼。矩形弧面胶袋运鱼是一种新型的活鱼运输工具,该方法运鱼量大、成活率高。另外,胶袋内外均为白色,不吸热,运输途中温度变化小。

活鱼在运输过程中,呼吸、运动、代谢是影响其成活率的主要因素。鱼类用鳃呼吸水中的溶解氧,水温的高低会影响水中的溶氧量，水温越高溶氧越低，同时，活鱼的耗氧量也随水温的升高而升高。因此，在运输过程中要尽可能降低温度。此外，鱼类排出的排泄物也会消耗大量的氧气。活鱼运输一般在运输前1～2天就要停止投饵，使鱼的消化道排空，避免在运输过程中污染水质。

(3)活水船法运输。成鱼运输一般用活水船法，因此，经营者需准备鱼类蓄养用的打气机、活水船及具有打气设备的陆用推车和卡车等。鱼苗运输一般采用塑胶袋充纯氧运输法。

①先将器材消毒或日晒，避免感染。

②捕捉。于傍晚或清晨时进行。

③蓄养。打气并蓄养于水池或桶中，适当提高蓄养密度，以适应运输中的高密度。

④停食24h。

⑤分级。将相同规格者装于同一箱或桶中以减少伤亡。

(4)干法运输。如果市场上活鱼畅销(或脱销)、节假日急需组织活鱼货源时，可采用干法运输。该法适用于短途调运(6h以内)。原则是通风、避高温、避暴晒，避免过度挤压。盛鱼容器用木条箱或柳条筐等，内铺水草或浸湿的软草，放一层鱼，铺一层水草或湿草，最后，顶上要加盖。途中要经常淋水，夏季高温时，有条件的加冰降温。这种方法简便易行，适用于低温下(不超过15℃)的短途快速运输。

(5)活鱼运输车。此种方法运鱼，运量大、速度快，途中不用增氧，适用于较大规模的活鱼运输。

活水车运输鱼种是近几年发展起来的一种活鱼运输方法，尤其适用于冬、春花鱼种的运输。目前，活水车有4t和2t两种规格，有固定在汽车上的活水箱装置，大部分是把活水鱼箱装上汽车后临时固定的，用汽油机或柴油机加泵作为动力，通过吸水、曝气、喷水循环箱内的水流，达到增氧的目的。由于吸水时吸力较大，容易将鱼种吸附在网孔上发生大批机械伤亡，所以在吸水口处，一定要用金属网片隔开，吸水孔间隔以40～50cm为宜。4t级的活水车箱在冬季可以装载鱼种1 000～1 200kg，也就是说，水与鱼的比例大致在4∶1左右，只要机器不停，运输20～24h的鱼种成活率可达95%(死亡主要是受机械损伤)，但长途运输以安装柴油机为妥，它较汽油机更适应长时间工作，而且性能较稳定。

(6)鱼运输箱运鱼。鱼运输箱运鱼是目前比较常用的运输方法，装鱼前先将箱内灌水至箱容积的3/4，然后装鱼，鱼装完毕再加水装满活鱼箱。

3. 活体运输的注意事项

(1)运输活体的季节。北方一般在春、秋两季运输，南方冬季也可运输。北方冬季寒冷，鱼体易冻伤，且冻伤后不易愈合，易患水霉病。夏季水温高，鱼活跃，易受伤，若在夏季运输，除减少运输密度外，逐渐往运鱼的水中加冰降温，可提高运输成活率。一般最适运输温度：鱼苗18～22℃，鱼种10～20℃，亲鱼15～20℃。

(2)装运活鱼容器的内壁要光滑，以免在运输过程中因车、船振动击伤鱼体，甚至将鱼撞死。

(3)装运活鱼的容器必须专物专用，并在装鱼前洗刷干净。不得用装运活鱼的容器装运毒品、化学药品以及有油污的物品。

(4)每个装载容器内放的活鱼不可过多，以防鱼因缺氧而窒息死亡。一般来说，除麻醉运输法外，装1t水的容器，在夏季可装活鱼50kg，春、秋季可装活鱼100kg，冬季可装活鱼125～150kg。

(5)刚产过卵的活鱼体质较弱，切勿长途运输。

(6)运输时的水温应力求低些。因为在一定温度范围内，温度升高10℃，鱼体呼吸耗氧量增加2～3倍。所以，应在符合鱼类生活适宜的温度范围内，尽量降低水温。这样，不仅可以减少鱼的呼吸，减少水中的耗氧量，还有利于减少微生物的污染和水中二氧化碳含量。

(7)运输活鱼应采用溶氧量高、有机物少的清水或经曝气的自来水。注意保持水质清洁，途中应及时清除鱼的排泄物和死鱼，适当加注新水，以防止微生物的滋生和交叉污染。

(8)运鱼前要拉网锻炼、停食困箱。运鱼前1～2天要进行拉网锻炼，拉网的前一天要停食，拉网时要将拉上的鱼困箱1～2次，困箱时间根据鱼在箱内的活动情况而定，少则十几分钟，多则数h。若鱼在箱内活动正常，游泳活跃，可以在箱内多放些时间，若鱼在箱内活动不正常，甚至出现浮头，则要立即把鱼放出。经过停食困箱、拉网锻炼等措施，使鱼类空腹运输，减少鱼类排泄物入水而污染水质。经过拉网锻炼后也能更适应高密度的运输环境，有利于成活率的提高。

(9)要适时换水。如运输距离较远，水质容易恶化，要定期换水。水要清新，含氧量高，水温合适，换水前后温差不能太大，以鱼苗、鱼种不超过±3℃、成鱼不超过±5℃为宜。换水时要注意捞取死鱼，清除排泄物，每次换水量为原水量的1/4～1/3。水源以不受污染的河水、湖泊水、水库水为好，井水、泉水、自来水要进行曝气才能使用。

(10)喂食。成鱼和鱼种体内储有的营养物质很多，运输途中一般不喂食。

(11)加强途中管理。运输途中要有专人负责，注意观察鱼的活动情况，防止鱼类浮头，及时补充氧气。增氧方法有淋水、击水、送气、摇动尼龙袋、换水等措施。途中还要避免阳光直射，尽量缩短途中运输时间。

(12)运输死亡原因。

①体质弱，机械损伤。在运输过程中一些体质弱的鱼种由于不适应运输环境往往会造成途中死亡，其中途中死亡大部分是由于与运输装置碰撞等机械损伤所导致。

②水中缺氧。因密度过大或者充气量不足容易造成缺氧浮头，若不及时换水或者加大充气量，往往会造成鱼类大量死亡。

③水温不适。水温太高或者装车、换水、下池时温差太大，不适宜活鱼的生态条件，往往会造成鱼类大量死亡。

④管理不善。途中没及时清除鱼类排泄物，换水时加入水质不好的污染水，鱼体经常碰撞摩擦，都容易造成鱼类死亡。

⑤鱼病感染。运输前将病鱼装入容器，使健康鱼也感染鱼病，从而造成死亡。

(13)用汽车敞口运输活鱼时，应在装载容器上加网盖，以防活鱼跳出水面脱水死亡或掉到车外造成损失。

主要参考文献

[1]李典友.水产生态养殖技术大全.北京:化学工业出版社,2014.
[2]刘松岩.水产动物病害防治员 .河南:中原农民出版社,2013.
[3]张欣,蒋艾青.水产养殖概论.北京:化学工业出版社,2009.